数字时代环境艺术设计与技术应用研究

张宏赡　张　义　元　博◎著

吉林出版集团股份有限公司

图书在版编目（CIP）数据

数字时代环境艺术设计与技术应用研究 / 张宏赡，张义，元博著. -- 长春：吉林出版集团股份有限公司，2024. 7. -- ISBN 978-7-5731-5570-2

Ⅰ. TU-856

中国国家版本馆 CIP 数据核字第 202425HL91 号

数字时代环境艺术设计与技术应用研究

SHUZI SHIDAI HUANJING YISHU SHEJI YU JISHU YINGYONG YANJIU

著　　者	张宏赡　张　义　元　博
出版策划	崔文辉
责任编辑	刘　洋
封面设计	文　一
出　　版	吉林出版集团股份有限公司
	（长春市福祉大路 5788 号，邮政编码：130118）
发　　行	吉林出版集团译文图书经营有限公司
	（http://shop34896900.taobao.com）
电　　话	总编办：0431-81629909　营销部：0431-81629880/81629900
印　　刷	吉林省六一文化传媒有限责任公司
开　　本	710mm×1000mm　　1/16
字　　数	230 千字
印　　张	14
版　　次	2024 年 7 月第 1 版
印　　次	2024 年 7 月第 1 次印刷
书　　号	ISBN 978-7-5731-5570-2
定　　价	85.00 元

前　言

在数字时代的浪潮下，环境艺术设计正经历着一场深刻的变革。随着科技的日新月异，数字化技术已渗透到环境艺术设计的每一个环节，为其注入了新的活力和可能性。本书旨在深入探讨数字时代环境艺术设计与技术应用的融合与创新，分析当前的发展趋势，并提出前瞻性的思考。

环境艺术设计作为一门综合性极强的学科，旨在通过艺术手段提升人们的生活环境质量。它涵盖了建筑设计、室内设计、景观设计等多个领域，致力于创造出既美观又实用的空间环境。然而，传统的环境艺术设计方法在某些方面已显得力不从心，无法满足现代社会对于设计效率、设计创新以及用户体验的更高要求。

数字化技术的崛起为环境艺术设计带来了新的契机。通过运用先进的数字技术，如计算机辅助设计（CAD）、三维建模、虚拟现实（VR）等，设计师们能够更高效地进行创作，实现更为精准的设计表达。这些技术不仅提高了设计效率，还使得设计师能够在设计过程中更直观地展现设计效果，从而与客户进行更有效的沟通。

本研究将重点关注数字技术在环境艺术设计中的应用现状与发展趋势。我们将深入分析数字化技术如何助力设计师们突破传统束缚，实现设计创新。同时，我们也将探讨在数字化背景下，环境艺术设计如何更好地与相关技术融合，以达到优化设计流程、提升设计品质的目的。

目　录

第一章　数字时代与环境艺术设计概述 ·······················01

　第一节　数字时代的特征与影响 ·························· 01

　第二节　环境艺术设计的定义与发展 ···················· 08

　第三节　数字技术在环境艺术设计中的应用 ············ 13

　第四节　数字时代环境艺术设计的新趋势 ·············· 20

　第五节　传统与现代环境艺术设计的比较 ·············· 25

第二章　数字技术在环境艺术设计中的基础应用 ···········33

　第一节　数字绘图与建模技术 ·························· 33

　第二节　虚拟现实与增强现实技术 ···················· 38

　第三节　数字照明与渲染技术 ·························· 43

　第四节　交互式设计与用户体验 ······················ 49

　第五节　3D 打印技术在环境设计中的运用 ············ 56

　第六节　数字化项目管理与协作工具 ·················· 62

第三章　数字时代环境艺术设计的原则与方法 ···········68

　第一节　设计原则：功能性、美观性、可持续性 ········ 68

　第二节　设计方法与流程的优化 ······················ 73

　第三节　用户中心设计理念的实施 ···················· 78

　第四节　数据驱动的设计决策 ························· 85

　第五节　跨领域合作与创新思维 ······················ 90

第四章　数字景观设计与技术应用 ·······················96

　第一节　数字景观设计的概念与特点 ·················· 96

　第二节　地理信息系统在景观设计中的运用 ··········· 101

第三节　景观可视化技术与实践 ……………………………………… 106

第四节　智能灌溉与生态监测技术 …………………………………… 110

第五节　数字景观的维护与管理 ……………………………………… 115

第五章　数字城市设计与技术应用 ……………………………… 120

第一节　数字城市设计的背景与意义 ………………………………… 120

第二节　城市信息模型与三维仿真技术 ……………………………… 124

第三节　智能交通与城市规划的整合 ………………………………… 130

第四节　城市绿色基础设施的数字化规划 …………………………… 135

第五节　数字城市设计的公众参与机制 ……………………………… 140

第六章　数字建筑设计与技术应用 ……………………………… 146

第一节　数字建筑设计的理念与趋势 ………………………………… 146

第二节　建筑信息模型与协同设计 …………………………………… 150

第三节　参数化设计与建筑形态创新 ………………………………… 155

第四节　绿色建筑与节能技术的融合 ………………………………… 159

第五节　智能建筑与可持续性的实践 ………………………………… 165

第七章　数字展览设计与技术应用 ……………………………… 171

第一节　数字展览设计的概念与特点 ………………………………… 171

第二节　展览空间的数字化规划与布局 ……………………………… 176

第三节　交互式展览与观众体验的提升 ……………………………… 180

第四节　数字化展品与展示技术的创新 ……………………………… 185

第五节　展览数据的分析与优化策略 ………………………………… 190

第八章　数字商业空间设计与技术应用 ………………………… 196

第一节　数字商业空间设计的意义与价值 …………………………… 196

第二节　商业空间的数字化规划与布局 ……………………………… 200

第三节　消费者行为与空间设计的互动 ……………………………… 205

第四节　智能化商业设施与服务系统的整合 ………………………… 209

第五节　商业空间的环境质量与舒适度提升 ………………………… 212

参考文献 ……………………………………………………………… 217

第一章　数字时代与环境艺术设计概述

第一节　数字时代的特征与影响

一、数字技术的普及与进步

在 21 世纪的今天，数字技术的普及与进步已成为推动社会发展的重要力量。从最初的计算机诞生，到如今的互联网、大数据、人工智能等技术的广泛应用，数字技术不仅改变了我们的生活方式，还深刻地影响了经济、文化、教育等各个领域。

（一）数字技术的普及过程

数字技术的普及始于 20 世纪 70 年代。当时，计算机作为高科技产品的代表，逐渐进入人们的视野。虽然当时的计算机体积庞大、价格昂贵，但其强大的计算能力仍然吸引了科研、军事等领域的关注。随着技术的不断进步，计算机逐渐实现了小型化、微型化，价格也日趋亲民，从而为数字技术的普及奠定了基础。进入 21 世纪，互联网技术的快速发展极大地推动了数字技术的普及。互联网不仅为人们提供了丰富的信息资源，还打破了地域限制，使得全球范围内的信息交流变得更加便捷。此外，互联网还催生了一系列新兴产业，如电子商务、在线教育等，进一步推动了数字技术的普及和应用。

近年来，移动互联网技术的迅速崛起使得数字技术更加普及。智能手机、平板电脑等智能终端设备的普及，使得人们可以随时随地接入互联网，享受数字技术带来的便利。同时，移动互联网还推动了移动支付、共享经济等新兴业态的发展，进一步丰富了数字技术的应用场景。

（二）数字技术的进步表现

随着半导体技术的发展，计算机的计算能力得到了极大的提升。如今，超级计算机的计算速度已经达到了惊人的水平，能够处理海量的数据和信息。此外，云计算技术的发展也使计算能力得到了更加高效的利用。存储技术的革新为数字技术的普及提供了有力支持。从最初的磁带、磁盘到如今的固态硬盘、云存储等技术，存储容量不断扩大，存取速度不断提高。这使人们可以更加便捷地存储、管理和使用数据。

通信技术的升级是数字技术普的重要推动力量。从最初的电话线、同轴电缆到如今的光纤、5G 等技术，通信速度和带宽不断提高，为人们提供了更加高效、稳定的通信服务。此外，物联网技术的发展也使万物互联成为可能，进一步推动了数字技术的普及和应用。

人工智能技术的崛起是数字技术进步的又一重要表现。通过模拟人类智能的过程和方法，人工智能系统能够完成一些复杂的工作，如语音识别、图像识别、自然语言处理等。此外，人工智能还在医疗、金融、交通等领域发挥着越来越重要的作用，给社会的发展带来了新的机遇和挑战。

（三）数字技术对社会的影响

数字技术的普及与进步极大地推动了经济的发展。数字经济已成为全球经济的重要组成部分，为经济增长注入了新的动力。同时，数字技术还催生了众多新兴产业和业态，为社会创造了大量的就业机会。数字技术的普及使得人们的生活更加便捷、丰富。人们可以通过互联网购物、娱乐、学习等，享受到前所未有的便利。此外，数字技术还为人们提供了更加个性化的服务体验，满足了人们日益增长的需求。

数字技术为文化传播提供了新的途径和平台。通过互联网等渠道，人们可以更加便捷地获取和分享各种文化资源，促进了文化的交流和融合。同时，数字技术还催生了数字艺术、虚拟现实等新兴文化形态，丰富了人们的文化生活。数字技术的普及为教育改革提供了新的思路和方法。在线教育、远程教育等新型教育模式逐渐兴起，打破了传统教育的时空限制，为更多人提供了接受教育的机会。同时，数字技术还使教育资源的共享成为可能，促进了教育公平的实现。

二、信息化、网络化的社会发展趋势

随着科技的飞速进步和全球化的加速，信息化、网络化已经成为当今社会发展的重要趋势。信息化指的是利用现代信息技术手段，开发和利用信息资源，推动社会经济发展的过程；而网络化则是指信息技术在各个领域广泛应用，形成互联互通、资源共享的网络体系。信息化和网络化的深度融合，正在深刻地改变着社会的生产方式、生活方式和治理方式，引领着社会向更加智能、高效、便捷的方向发展。

（一）信息化的发展趋势

信息技术的不断创新是推动信息化发展的根本动力。随着云计算、大数据、人工智能、物联网等新一代信息技术的不断涌现，信息技术的发展呈现出前所未有的活力。这些新技术不仅提高了信息处理的效率和准确性，还为人们提供了更加智能化、个性化的服务体验。随着信息资源的不断积累和共享，其应用领域也越来越广泛。无论是在政府部门、企业机构，还是在教育、医疗、文化等各个领域，信息资源都发挥着越来越重要的作用。通过利用信息资源，人们可以更加便捷地获取所需的知识和信息，提高工作效率和生活质量。

随着信息化程度的不断提高，信息安全问题也日益凸显。网络攻击、数据泄露、隐私侵犯等安全问题时有发生，给个人、企业和社会带来了严重的损失。因此，加强信息安全保障，提高信息安全意识，已经成为信息化发展的重要任务。

（二）网络化的发展趋势

互联网技术的快速发展是网络化的重要基础。随着5G、6G等新一代通信技术的不断推广和应用，互联网的速度和带宽将得到极大提升，为人们提供更加高效、稳定的网络服务。同时，互联网还将进一步渗透到各个领域，推动社会的数字化转型。物联网技术是实现万物互联的关键技术。通过将各种物体连接到互联网，实现信息的实时采集、传输和处理，物联网技术为城市管理、环境监测、智能家居等领域带来了革命性的变化。随着物联网技术的不断成熟和应用，其应用领域将越来越广泛。

社交网络的普及和深化是网络化的重要体现。通过社交网络，人们可以随时随地与朋友、家人和同事保持联系，分享生活中的点滴。同时，社交网络还为人们提供了获取新闻、了解社会动态的重要渠道。随着社交网络的不断发展，其功能和形式也将越来越多样化。

（三）信息化、网络化对社会的影响

信息化、网络化的发展为经济发展注入了新的动力。一方面，信息技术和网络技术的创新为各行各业提供了新的生产方式和服务模式；另一方面，数字化经济的兴起为经济增长带来了新的增长点。同时，信息化、网络化还促进了全球化进程，推动了国际经济交流与合作。信息化、网络化的发展深刻地改变了人们的生活方式。人们可以通过互联网购物、娱乐、学习等，享受到前所未有的便利。同时，数字化服务也为人们提供了更加个性化、智能化的服务体验。此外，社交网络的发展还使人们可以更加便捷地与他人保持联系和交流。

信息化、网络化的发展为社会治理创新提供了有力支持。通过利用大数据、云计算等技术手段，政府可以更加精准地了解社会动态和民生需求，提高决策的科学性和有效性。同时，信息化、网络化还推动了政务服务数字化进程，提高了政府工作的透明度和效率。此外，数字化技术还在公共安全、城市管理等领域发挥着重要作用。信息化、网络化的发展促进了文化交流与传播。通过互联网平台，各种文化形态可以更加便捷地传播到世界各地，促进了不同文化之间的交流与融合。同时，数字化技术还为文化遗产的保护和传承提供了新的手段和方法。

三、数字化对艺术设计领域的影响

随着科技的飞速发展，数字化技术已经渗透到社会的各个领域，其中，艺术设计领域也受到了深远的影响。数字化不仅改变了艺术设计的工具和方法，更在创作理念、表现形式及传播方式上带来了革命性的变革。

（一）数字化对艺术设计工具和方法的影响

在数字化时代，各种设计软件如 Photoshop、Illustrator、Sketch 等成为艺术设计师们的得力助手。这些软件不仅功能强大，而且操作简便，大大提高了设计效率。设计师们可以通过这些软件实现各种复杂的图形、图像和动画效果，打破了传统手绘和印刷技术的限制。三维建模技术使得设计师能够创建出更为真实、

立体的设计作品。通过虚拟现实技术，设计师和客户可以更加直观地了解设计方案的效果，提前预见并解决可能出现的问题。这种技术不仅提高了设计的准确性，也增强了客户对设计方案的信任感。

数字印刷和喷绘技术使得艺术设计作品的制作更加便捷、快速。这些技术可以实现高精度、高清晰度的印刷和喷绘效果，满足了设计师对于细节和色彩的要求。同时，数字印刷和喷绘技术还降低了制作成本，使得更多的设计师能够实现自己的创意。

（二）数字化对艺术设计创作理念的影响

数字化技术打破了不同艺术门类之间的界限，使得各种艺术形式得以相互融合。设计师们可以通过借鉴其他艺术门类的表现手法和创作理念，来丰富自己的设计语言。同时，数字化技术也促进了创新思维的培养，设计师们需要不断地学习新知识、掌握新技术，以适应不断变化的市场需求。在数字化时代，消费者的需求越来越个性化和定制化。设计师们需要更加关注消费者的需求和喜好，为他们量身定制符合其个性和品位的设计作品。这种个性化的设计需求不仅提高了设计的附加值，也增强了消费者对于设计作品的认同感和归属感。

数字化技术为艺术设计领域带来了绿色环保和可持续发展的设计理念。通过数字化技术，设计师们可以更加精确地控制材料的使用和废弃物的产生，降低设计过程中的资源消耗和环境污染。同时，数字化技术还可以实现设计作品的循环利用和再生利用，促进艺术设计领域的可持续发展。

（三）数字化对艺术设计传播方式的影响

数字化时代，网络平台成为艺术设计师们展示自己作品的重要渠道。设计师们可以通过自己的网站、社交媒体账号等渠道发布自己的作品，吸引更多的关注和粉丝。同时，各种线上设计比赛和展览也为设计师们提供了更多的展示机会和交流平台。数字化技术使得艺术设计作品的展示方式更加互动化和体验化。观众可以通过触摸屏、虚拟现实设备等方式与作品进行互动，深入了解作品的设计理念和创作过程。这种互动体验不仅提高了观众的参与度和兴趣度，也增强了观众对于设计作品的认知和理解。

数字化技术推动了艺术设计领域的跨界合作和产业链整合。设计师们可以与其他行业的企业进行合作，共同开发具有创新性和市场竞争力的产品。同时，数字化技术还促进了艺术设计产业链的整合和优化，使得设计、生产、销售等环节更加紧密地联系在一起，形成了完整的产业链生态。

四、数字时代的创新思维模式

随着科技的飞速发展，我们已经步入了数字时代。在这个时代，信息爆炸、技术革新、社会变革成为常态，传统的思维模式已难以适应快速发展的环境。因此，培养和创新数字时代的思维模式显得尤为重要。

（一）数字时代的特点

互联网技术的发展使得信息获取变得极为便捷，但同时也带来了信息过载的问题。人们需要面对海量的信息，筛选出有价值的内容。数字化技术不断更新换代，新兴技术如人工智能、大数据、云计算等层出不穷，推动了各行各业的变革。

数字时代打破了行业壁垒，促进了不同领域的跨界融合。这种融合不仅带来了创新机会，也对传统行业产生了冲击。数字时代改变了人们的生活方式、工作方式和社会交往方式，推动了社会的整体变革。

（二）创新思维模式的重要性

在数字时代，创新思维模式的重要性不言而喻。首先，创新思维模式有助于我们适应快速变化的环境。只有具备创新思维的人，才能在不断变化的环境中找到新的机会和解决方案。其次，创新思维模式是推动社会进步的重要动力。通过创新思维，我们可以发现新的问题、提出新的解决方案，从而推动社会不断向前发展。最后，创新思维模式也是个人成长和成功的关键因素。在竞争激烈的数字时代，只有具备创新思维的人，才能在职业生涯中脱颖而出。

（三）数字时代的创新思维模式

跨界思维是指将不同领域的知识、技能和思维方式融合在一起，创造出新的价值和机会。在数字时代，跨界思维变得越来越重要。由于信息的跨界融合和技术的跨界应用，不同领域之间的联系越来越紧密。因此，我们需要具备跨界思维，将不同领域的知识和技能融合在一起，创造出新的解决方案和产品。

迭代思维是指在产品开发或项目推进过程中，通过不断试错、反馈和修正来逐步优化和完善产品或项目。在数字时代，迭代思维变得尤为重要。由于技术更新换代迅速，市场需求变化快，我们需要通过迭代思维来快速响应市场变化，不断优化产品或项目，以满足用户需求。

用户思维是指以用户为中心，从用户的角度出发来思考问题、设计产品和提供服务。在数字时代，用户思维变得尤为重要。由于信息过载和竞争加剧，用户对于产品或服务的要求越来越高。只有具备用户思维的人，才能深入理解用户需求，提供符合用户期望的产品和服务。

平台思维是指利用数字技术和互联网平台，整合各方资源，实现共赢发展。在数字时代，平台思维变得越来越重要。通过搭建平台，我们可以整合各方资源，形成生态系统，为用户提供更加全面、便捷的服务。同时，平台思维也有助于我们拓展业务领域，实现多元化发展。

（四）如何培养和应用创新思维模式

要培养创新思维模式，首先需要拓宽知识视野，了解不同领域的知识和动态。我们可以通过阅读书籍、参加讲座、在线学习等方式获取新知识，拓宽自己的知识视野。跨界学习与合作是培养创新思维模式的重要途径。我们可以与不同领域的人进行交流合作，了解他们的思维方式和经验，从而激发自己的创新思维。同时，跨界合作也有助于我们整合各方资源，实现共赢发展。

在数字时代，我们需要勇于尝试和试错。只有不断尝试新的想法和方法，才能发现新的机会和解决方案。同时，我们也需要学会从失败中吸取教训，不断调整自己的思维方式和行动策略。在培养和应用创新思维模式的过程中，我们需要不断反思和总结自己的经验和教训。通过反思和总结，我们可以发现自己的不足之处，并找到改进的方法。同时，反思和总结也有助于我们积累经验，提高创新能力。

第二节 环境艺术设计的定义与发展

一、环境艺术设计的定义及范畴

环境艺术设计作为艺术设计领域的一个重要分支，随着社会的发展和人们生活水平的提高，越来越受到人们的关注和重视。它不仅仅是对自然和人工环境的简单美化，更是对空间、色彩、材质、光影等多种元素的综合运用，以达到和谐统一、舒适美观的效果。

（一）环境艺术设计的定义

环境艺术设计是一门综合性的艺术设计学科，它以建筑、园林、城市规划等为基础，运用艺术设计的原理和方法，对室内外环境进行规划、设计、装饰和美化。环境艺术设计旨在创造符合人们行为和心理需求的空间环境，提高人们的生活品质，并体现一定的审美价值。

具体来说，环境艺术设计是指设计者在某一环境场所兴建之前，根据人们在物质功能（实用功能）、精神功能、审美功能三个层次上的要求，运用各种艺术手段和技术手段对建造计划、施工过程和使用过程中所存在的或可能发生的问题，做好全盘考虑，拟定好解决这些问题的办法、文案，并用图纸、模型、文件等形式表达出来的创作过程。

（二）环境艺术设计的范畴

环境艺术设计的范畴广泛，涉及多个领域和方面。空间规划与设计是环境艺术设计的核心内容之一。它涉及对建筑、园林、公共空间等室内外环境的空间布局、功能划分、交通流线等方面的规划与设计。设计师需要根据空间的特点和需求，合理规划空间结构，确定各个区域的功能和位置，创造出舒适、便捷、美观的空间环境。

色彩与材质设计是环境艺术设计中的重要组成部分。色彩能够影响人们的心理感受和情感反应，材质则能够带来不同的触感和视觉体验。设计师需要根据空间的功能和氛围要求，选择合适的色彩和材质进行搭配和运用，创造出符合人们审美需求的空间环境。景观与绿化设计是环境艺术设计中的重要组成部分。它涉及对自然环境和人工环境的景观规划与设计，包括公园、广场、街道、庭院等公共空间的景观设计，以及建筑周边的绿化设计。设计师需要充分考虑自然环境和人文因素，创造出具有地方特色和生态价值的景观环境。

室内环境设计是环境艺术设计中的重要组成部分。它涉及对居住、办公、商业等室内空间的设计，包括空间布局、家具摆放、照明设计、装饰陈设等方面。设计师需要根据室内空间的功能和氛围要求，选择合适的家具、灯具、装饰品等，创造出舒适、美观、实用的室内环境。公共设施设计是环境艺术设计中的重要组成部分。它涉及对公共交通工具、市政设施、公共设施等的设计，如公交车站、地铁站、公园座椅、公共厕所等。设计师需要充分考虑公共设施的使用频率和人群特点，设计出符合人体工程学原理、易于使用、美观大方的公共设施。

（三）环境艺术设计的原则

环境艺术设计应以人的需求为出发点和归宿点，创造出符合人们行为和心理需求的空间环境。环境艺术设计应尊重自然环境和生态规律，充分利用自然资源，创造出具有生态价值的空间环境。环境艺术设计应注重可持续发展理念，采用环保材料和节能技术，减少对环境的影响。环境艺术设计应充分考虑地方特色和历史文化因素，创造出具有地域特色的空间环境。

二、环境艺术设计的历史演变

环境艺术设计作为人类文化的重要组成部分，其历史演变反映了人类对于生活空间美化的不懈追求与探索。从古代文明的城市规划与园林设计，到现代社会的多元化、国际化发展，环境艺术设计在不断地创新、演变和发展。

（一）古代环境艺术设计

环境艺术设计的起源可以追溯到人类开始有意识地改造和美化居住环境的时期。在古代文明中，环境艺术设计主要集中在城市规划和园林设计两个方面。例如，古希腊的城市规划注重空间的合理布局和公共空间的利用，罗马城市的布局则体现了对居民舒适性的考虑。同时，古埃及和古罗马的园林设计也展现了人类对自然美的追求和向往。

在古代中国，园林艺术作为环境艺术设计的重要组成部分，经历了漫长的发展过程。从最初的"囿"到后来的"苑""园"，中国园林艺术逐渐形成了独特的风格和特点。通过对自然景观的模仿和再创造，中国园林艺术追求"虽由人作，宛自天开"的境界，体现了人与自然的和谐共生。

（二）工业革命前的环境艺术设计

在工业革命之前，随着社会的发展和人们审美水平的提高，园林设计与景观规划得到了进一步的繁荣。欧洲的宫殿花园和庄园以及亚洲的传统园林都是这一时期的代表作品。这些园林作品不仅展现了人类对于自然美的追求，也体现了人类对于生活品质的提升和对于精神世界的追求。

在这一时期，环境艺术设计开始与绘画、雕塑等艺术形式相结合，形成了独特的艺术风格。艺术家们通过对自然环境的深入观察和理解，将自然元素融入设计之中，创作出具有独特韵味的环境艺术作品。

（三）工业化时期的环境艺术设计

随着工业化进程的加快，环境艺术设计开始关注城市规划、交通规划和工业区规划等方面。这一时期的环境设计强调功能性和效率，追求空间的合理利用和资源的最大化。然而，这种追求也带来了城市环境污染和资源浪费等问题。面对工业化带来的环境问题，人们开始意识到环境保护的重要性。一些设计师开始尝试将环保理念融入到环境艺术设计之中，探索可持续发展的设计方法和手段。

（四）当代环境艺术设计

进入 20 世纪 90 年代以后，环境艺术设计开始向着多元化和国际化的方向发展。设计师们开始尝试将不同的文化元素和艺术风格融入到设计之中，创作出具有独特魅力的环境艺术作品。同时，随着全球化的推进，环境艺术设计也开始跨越国界，不同国家和地区的设计师开始交流和合作，共同推动环境艺术设计的发展。

在当代环境艺术设计中，可持续发展和生态设计成为重要的设计理念。设计师们开始注重环保材料的使用和节能技术的应用，通过设计手段减少对环境的影响。同时，他们也关注生态系统的保护和修复，尝试通过设计手段恢复和保护自然生态系统。

随着科技的进步，数字化和新媒体技术也开始被广泛应用于环境艺术设计之中。设计师们可以通过计算机技术进行虚拟现实设计，通过新媒体技术创造出更加丰富多彩的视觉效果。这些技术的应用不仅提高了设计的效率和质量，也为环境艺术设计带来了更多的创新可能性。

三、现代环境艺术设计的特点

随着社会的快速发展和科技的进步，现代环境艺术设计也在不断地演变和发展。它不仅继承了传统环境艺术设计的精髓，还融入了现代设计理念和科技手段，形成了独特的风格和特点。

（一）多元化与融合性

现代环境艺术设计的一个显著特点是其文化多元性。在全球化的背景下，不同文化之间的交流和融合越来越频繁，这种趋势在环境艺术设计中也有体现。设计师们开始尝试将不同国家和地区的文化元素融入到设计中，创作出具有独特魅力的环境艺术作品。这种文化多元性的体现不仅丰富了设计的内涵，也促进了不同文化之间的理解和尊重。

现代环境艺术设计在风格和形式上也呈现出多样性。设计师们不再局限于传统的设计风格和形式，而是勇于创新，尝试新的设计理念和手法。从极简主义到后现代主义，从生态设计到数字设计，各种风格和形式的环境艺术作品层出不穷，满足了人们多样化的审美需求。

（二）人性化与互动性

现代环境艺术设计强调以人为本的设计理念。设计师们更加关注人的需求和感受，注重空间的功能性和舒适性。他们通过深入研究人的行为和心理，设计出符合人体工程学原理、易于使用、舒适美观的环境艺术作品。这种人性化的设计理念使得环境艺术作品更加贴近人们的生活，提高了人们的生活品质。

现代环境艺术设计还注重互动性的增强。设计师们通过引入新的科技手段，如虚拟现实、增强现实等，创作出具有互动性的环境艺术作品。这些作品不仅具有观赏价值，还能让人们参与其中，与作品进行互动，增强了人们的参与感和体验感。

（三）生态性与可持续性

现代环境艺术设计强调生态设计的理念。设计师们开始关注自然环境和生态系统的保护，尝试将生态元素融入到设计中，创作出具有生态价值的环境艺术作品。他们注重材料的环保性和可持续性，优先选择可再生材料和低能耗材料，减少对环境的影响。同时，他们还注重植被的引入和绿化的加强，通过植物来净化空气、调节气候、美化环境。

现代环境艺术设计还追求可持续性。设计师们注重设计的长期效益和可持续性发展，努力减少资源的浪费和环境的破坏。他们通过合理规划和设计，实现空间的合理利用和资源的最大化利用。同时，他们还关注设计作品的使用寿命和维护成本，确保设计作品能够在长期使用中保持良好的状态和功能。

（四）科技化与智能化

现代环境艺术设计广泛运用科技手段进行设计。从计算机技术到数字模拟技术、从3D打印到虚拟现实技术，这些科技手段的运用为设计师们提供了更多的创作可能性。设计师们可以利用这些技术进行快速建模、优化设计和效果模拟，提高了设计的效率和质量。现代环境艺术设计还注重智能化的应用。设计师们通过引入智能设备和系统，实现环境艺术作品的智能化控制和管理。这些智能设备和系统可以根据人们的需求和习惯进行自动调节和优化，提高了环境艺术作品的使用便捷性和舒适性。同时，智能化的应用也使环境艺术作品更加具有科技感和未来感。

（五）艺术性与实用性的统一

现代环境艺术设计在追求实用性的同时也不失艺术性。设计师们注重设计作品的视觉效果和审美价值，通过巧妙的构图和独特的风格来营造具有艺术感染力的空间氛围。这种艺术性的追求不仅使环境艺术作品更加美观动人还能够激发人们的审美情感和精神共鸣。虽然现代环境艺术设计追求艺术性，但实用性仍然是其不可或缺的一部分。设计师们在设计过程中会充分考虑空间的功能需求和人们的使用习惯，确保设计作品既美观又实用。这种实用性的强调使得环境艺术作品更加贴近人们的生活实际，提高了人们的生活品质。

第三节　数字技术在环境艺术设计中的应用

一、数字技术在设计表现中的运用

随着科技的飞速进步，数字技术已经深入我们生活的各个方面，特别是在设计领域，其应用更是广泛而深入。数字技术以其高效、精准、直观的特点，为设计师们提供了全新的设计表现手段和工具，极大地推动了设计行业的发展。

（一）数字技术在设计表现中的基础应用

数字化绘图与建模是数字技术在设计表现中的基础应用。通过专业的绘图软件，设计师们可以在计算机上直接进行绘图和建模，快速而精准地表达设计理念。这些软件通常具有强大的图形处理能力，能够支持各种复杂的图形和模型设计，大大提高了设计效率。数字图像处理是数字技术在设计表现中的另一个重要应用。设计师们可以使用专业的图像处理软件对图像进行编辑、修饰和优化，使其更符合设计需求。这些软件通常具有丰富的图像处理功能，如色彩调整、滤镜效果、图像合成等，能够轻松实现各种复杂的图像效果。

（二）数字技术在设计表现中的高级应用

三维渲染与动画设计是数字技术在设计表现中的高级应用之一。通过专业的三维渲染软件，设计师们可以将三维模型进行高质量的渲染，呈现出逼真的视觉效果。同时，结合动画设计软件，设计师们还可以为模型添加动态效果，制作出具有视觉冲击力的动画作品。这些技术广泛应用于影视、游戏、广告等领域，为观众带来更加丰富的视觉体验。

虚拟现实（VR）与增强现实（AR）技术是数字技术在设计表现中的又一重要应用。这些技术通过模拟真实环境或增强现实环境，为设计师和用户提供沉浸式的交互体验。在设计中，设计师们可以利用 VR 技术构建虚拟环境，让用户在其中进行实时交互和体验，从而更好地理解设计理念和效果。而 AR 技术则可以将虚拟元素与现实环境相结合，给用户更加丰富的视觉体验。

数字技术在交互设计与用户体验设计中也发挥着重要作用。设计师们可以利用数字技术创建出具有交互性的设计作品，如网站、应用程序等。这些作品不仅具有美观的外观和便捷的操作方式，还能够根据用户的需求和习惯进行智能调整和优化，提高用户体验。同时，数字技术还可以用于收集和分析用户数据，帮助设计师们更好地理解用户需求和行为习惯，从而设计出更符合用户需求的产品和服务。

（三）数字技术对设计表现的影响

数字技术的应用极大地提高了设计效率和质量。设计师们可以利用数字技术快速地进行绘图、建模、渲染等工作，减少传统手工绘图和模型制作的时间和成本。同时，数字技术还可以实现精确的尺寸和比例控制，避免人为误差和浪费。这些优势使得设计师们能够更加专注于设计创意和表现手法的探索和创新。

数字技术的应用还拓展了设计表现的可能性。通过数字技术，设计师们可以实现传统设计手段无法完成的效果和表现方式。例如，利用三维渲染技术可以呈现出逼真的光影效果和材质表现；利用虚拟现实技术可以构建出沉浸式的交互体验；利用增强现实技术可以将虚拟元素与现实环境相结合等。这些新的表现方式使得设计作品更加丰富多彩、生动逼真。

数字技术的应用还促进了设计领域的创新和发展。随着数字技术的不断发展和完善，设计师们可以更加灵活地运用这些技术进行创作和表现。同时，数字技术的应用也推动了设计领域的跨界合作和交流，促进了设计领域的多元化和国际化发展。这些创新和发展使得设计领域不断涌现出新的设计理念、风格和流派，为人们的生活带来更多美好的体验和感受。

二、数字技术对设计流程的改变

在数字化时代，数字技术的快速发展和普及已经深刻地改变了各行各业的工作方式和流程，其中设计领域尤为显著。数字技术不仅提高了设计效率，还拓宽了设计的边界，使得设计流程更加高效、灵活和富有创新性。

（一）数字技术对设计初期阶段的影响

在传统设计流程中，设计师往往需要通过大量的市场调研、资料收集来获取信息，这一过程既耗时又费力。而数字技术的应用使得信息收集与整理变得更加便捷高效。设计师可以通过网络搜索、数据分析工具等手段快速获取所需信息，并通过电子表格、数据库等工具进行整理和分析，大大提高了工作效率。

在创意激发和概念生成阶段，数字技术同样发挥着重要作用。设计师可以利用各种设计软件进行草图绘制、概念建模等操作，快速将想法转化为可视化的图形和模型。此外，数字技术还支持多人在线协作和实时沟通，使得设计团队能够更加高效地交流和讨论创意方案。

（二）数字技术对设计深化阶段的影响

在设计深化阶段，数字技术为设计方案的优化提供了有力支持。设计师可以利用三维建模软件对设计方案进行精细化建模，并通过渲染技术呈现出逼真的视觉效果。此外，数字技术还支持对设计方案进行参数化调整和优化，如尺寸、比例、材质等方面的调整，以满足不同客户的需求和偏好。

在数字技术的支持下，设计师可以进行更加深入的交互设计和用户体验测试。通过构建虚拟场景和交互模型，设计师可以模拟用户在实际环境中的行为和反应，从而评估设计方案的可行性和用户体验。这种测试方式不仅节省了大量时间和成本，还提高了测试的准确性和可靠性。

（三）数字技术对设计输出与交付阶段的影响

在设计输出阶段，数字技术使得设计文件的输出更加便捷和高效。设计师可以通过设计软件直接输出各种格式的设计文件，如 CAD 图纸、3D 模型文件等，方便客户进行查看和修改。同时，数字技术还支持文件的快速传输和共享，使得设计团队能够更加高效地协作和沟通。

数字技术的应用还促进了设计与生产之间的紧密对接。通过数字化生产技术和设备，设计师可以直接将设计方案转化为实际产品。例如，利用 3D 打印技术可以快速制造出产品原型；利用数控机床等设备可以实现高精度加工和制造。这种设计与生产之间的无缝对接大大提高了产品开发的效率和质量。

（四）数字技术对设计流程整体的影响

数字技术的应用使得设计流程更加优化和高效。设计师可以利用各种设计软件和工具进行快速设计、优化和测试等操作，减少了传统设计流程中的烦琐环节和重复工作。同时，数字技术还支持设计团队之间的实时沟通和协作，提高了团队的工作效率和协作效果。

数字技术的应用还促进了设计与市场之间的紧密结合。设计师可以通过网络搜索、数据分析等手段了解市场动态和用户需求，从而更好地把握市场趋势和机会。同时，数字技术还支持设计师与客户之间的实时沟通和反馈收集，使得设计作品更加符合市场需求和用户期望。

数字技术的应用为设计创新提供了有力支持。设计师可以利用数字技术探索新的设计理念和表现方式，如虚拟现实、增强现实等技术的应用使得设计作品更加富有创意和想象力。同时，数字技术还支持设计师对设计方案进行快速迭代和优化，促进了设计创新的持续发展。

三、数字技术助力设计创新与优化

在数字化浪潮的推动下，数字技术已经渗透到设计领域的各个角落，成为推动设计创新与优化的重要力量。从最初的辅助设计工具，到如今的引领设计变革的引擎，数字技术在设计领域的应用不断拓宽和深化，为设计师们提供了前所未有的创作空间和创新可能。

（一）数字技术在设计创新中的应用

数字技术的应用极大地拓展了设计的边界。传统的设计方法往往受限于材料和技术的限制，而数字技术则打破了这些限制，使得设计师能够探索更加广阔的设计空间。例如，虚拟现实（VR）和增强现实（AR）技术使得设计师能够创造出沉浸式的体验空间，让用户能够更加直观地感受设计成果；3D打印技术则使得设计师能够将虚拟的设计模型快速转化为实体，实现设计的快速迭代和优化。

数字技术为设计师提供了丰富的设计资源和灵感来源。通过网络搜索、数据分析等工具，设计师可以快速地获取大量的设计案例、用户反馈和市场趋势等信息。这些信息有助于设计师更好地了解市场需求和用户需求，从而激发设计灵感。同时，数字技术还支持设计师进行跨界合作和交流，将不同领域的设计理念和技术融入到自己的作品中，实现设计的跨界融合和创新。

数字技术的应用使得设计流程更加高效和灵活。设计师可以利用各种设计软件和工具进行快速设计、修改和优化等操作，大大提高了设计效率。同时，数字技术还支持设计师进行远程协作和实时沟通，使得设计团队能够更加紧密地合作和交流，共同推动设计的创新和优化。

（二）数字技术在设计优化中的作用

数字技术的应用使得设计师能够在设计初期就进行精准的模拟和测试。通过构建虚拟模型和场景，设计师可以模拟出实际使用中的各种情况，从而发现设计中存在的问题和不足。这种模拟测试的方式不仅节省了大量时间和成本，还提高了测试的准确性和可靠性。设计师可以根据测试结果对设计进行针对性的优化和改进，提高设计的质量和用户体验。

数字技术使得设计师能够更加方便地收集和分析用户数据。通过用户反馈、行为分析等手段，设计师可以了解用户对设计的真实需求和期望，从而更加精准地把握市场趋势和用户需求。这种基于数据的设计优化方式使得设计更加符合用户需求和期望，提高了设计的实用性和满意度。

数字技术的应用使得设计迭代和持续改进成为可能。设计师可以利用数字技术对设计方案进行快速迭代和优化，不断尝试新的设计理念和表现方式。同时，数字技术还支持设计师对设计成果进行持续跟踪和评估，及时发现并解决问题。这种迭代设计和持续改进的方式使得设计更加完善和优化，提高了设计的竞争力和市场价值。

（三）数字技术助力设计创新与优化的深远影响

数字技术的应用推动了设计行业的变革。它打破了传统设计的局限性和束缚性，使得设计更加自由、灵活和富有创新性。同时，数字技术还促进了设计行业的跨界融合和创新发展，推动了设计行业的多元化和国际化发展。数字技术的应用提升了设计质量和用户体验。通过精准模拟和测试、数据分析与用户反馈等手段，设计师能够更加精准地把握用户需求和市场趋势，从而设计出更加符合用户需求和期望的产品和服务。这种基于用户的设计优化方式提高了设计的实用性和满意度，提升了用户体验和忠诚度。

数字技术的应用促进了设计创新的发展。它为设计师提供了丰富的设计资源和灵感来源，激发了设计师的创新精神和创造力。同时，数字技术还支持设计师进行跨界合作和交流，将不同领域的设计理念和技术融入到自己的作品中，实现设计的跨界融合和创新。这种创新的发展方式推动了设计行业的不断进步和发展。

四、数字技术在设计评估与反馈中的作用

在设计领域，设计评估与反馈是确保设计质量、提升用户体验、推动设计创新的重要环节。随着数字技术的快速发展，其在设计评估与反馈中的应用越来越广泛，为设计师提供了更为高效、准确和全面的评估与反馈手段。

（一）数字技术在设计评估中的作用

数字技术的应用使得设计评估更加量化和数据化。通过收集和分析用户数据、行为数据、交互数据等，设计师可以深入了解用户的真实需求、使用习惯和满意度，从而更准确地评估设计的效果。例如，利用用户反馈系统收集用户对设计的意见和建议，通过数据分析工具对用户反馈进行量化分析，提取出关键问题和改进方向。这种基于数据的评估方式不仅提高了评估的准确性和客观性，还为设计师提供了有针对性的改进方向。

虚拟现实（VR）和增强现实（AR）技术的应用使得设计评估更加直观和沉浸。设计师可以利用 VR 和 AR 技术构建虚拟场景和模型，让用户能够在虚拟环境中体验设计成果。通过这种方式，用户可以更加真实地感受设计的效果，提出更加具体和有针对性的反馈意见。设计师可以根据用户的反馈意见对设计进行迭代和优化，提高设计的实用性和满意度。

数字技术的应用还实现了设计评估的自动化和智能化。设计师可以利用自动化评估工具对设计方案进行快速评估，包括设计的合理性、美观性、易用性等方面。这些自动化评估工具可以根据预设的规则和标准对设计方案进行评分和排名，帮助设计师快速筛选出优秀的设计方案。此外，数字技术还支持设计评估的在线化和协同化，使得设计团队能够实时共享评估结果和反馈意见，提高评估的效率和准确性。

（二）数字技术在设计反馈中的作用

数字技术的应用使得设计反馈更加实时和快速。设计师可以利用在线协作工

具、社交媒体等渠道与用户进行实时交流和反馈收集。一旦用户提出反馈意见或问题，设计师可以立即进行回应和处理，及时解决问题和改进设计。这种实时反馈的方式不仅提高了用户满意度和忠诚度，还为设计师提供了更加及时和准确的设计改进方向。

数字技术的应用还使得设计反馈更加多元化和全面。通过收集来自不同渠道、不同用户的反馈意见，设计师可以更加全面地了解设计的优缺点和潜在问题。这些反馈意见可以来自用户调研、用户测试、社交媒体评论等多个方面，为设计师提供了更加丰富的设计改进素材。设计师可以根据这些反馈意见对设计进行全方位的优化和改进，提高设计的综合质量和用户体验。

数字技术的应用还使得设计反馈更加可视化和直观。设计师可以利用可视化工具将用户的反馈意见以图表、图形等形式呈现出来，帮助设计师更加直观地理解用户的反馈内容和需求。这种可视化反馈的方式不仅提高了设计师对反馈信息的理解效率，还为设计师提供了更加直观和形象的设计改进方向。

（三）数字技术在设计评估与反馈中的综合作用

数字技术在设计评估与反馈中的应用有助于提升设计质量和用户体验。通过量化评估、虚拟现实评估、自动化评估等手段，设计师可以更加准确地评估设计的效果和潜在问题，从而及时改进和优化设计。同时，实时反馈、多元化反馈和可视化反馈等方式也使设计师能够更加及时、全面和直观地了解用户的需求和反馈，从而不断提升设计的实用性和满意度。

数字技术的应用还推动了设计创新与发展。通过收集和分析用户数据、行为数据等，设计师可以深入了解用户的真实需求和期望，从而探索新的设计理念和表现方式。同时，虚拟现实、增强现实等技术的应用也为设计师提供了更加广阔的创作空间和可能性，激发了设计师的创新精神和创造力。这些创新的设计理念和作品不仅提升了设计的艺术性和观赏性，还推动了设计行业的不断进步和发展。

第四节　数字时代环境艺术设计的新趋势

一、智能化与自动化的设计工具

在数字化时代，智能化与自动化的设计工具已经成为设计师们不可或缺的工作伙伴。这些工具不仅极大地提高了设计效率，而且为设计师们提供了更为丰富、准确和直观的设计手段。

（一）智能化设计工具的特点

智能化设计工具具备强大的数据处理能力，能够处理海量的设计数据，包括用户数据、市场数据、设计案例等。通过数据分析，智能化设计工具能够帮助设计师更准确地把握用户需求和市场趋势，为设计提供有力的数据支持。智能化设计工具可以构建虚拟场景和模型，对设计方案进行精准模拟和测试。这种模拟测试方式不仅可以节省大量时间和成本，而且能够提前发现设计中的问题，为设计师提供有针对性的改进方向。

智能化设计工具注重用户体验，界面设计简洁明了，操作便捷。同时，这些工具还提供了丰富的教程和在线帮助，使得设计师能够轻松上手，快速掌握使用方法。智能化设计工具通常集成了多种功能，如草图绘制、3D建模、渲染、动画制作等。这种高度集成化的设计方式使得设计师能够在一个平台上完成从概念设计到最终呈现的整个设计流程。

（二）自动化设计工具的特点

自动化设计工具能够自动完成一些重复性的、烦琐的设计任务，如尺寸标注、材料选择、排版等。这不仅减轻了设计师的工作负担，而且提高了设计效率。自动化设计工具通过预设的算法和规则，能够精确地完成设计任务。这种精确性不仅保证了设计的质量，而且避免了人为错误的发生。自动化设计工具通常支持自定义规则和算法，使得设计师能够根据自己的需求进行定制和扩展。这种可扩展性使得自动化设计工具能够适应不同领域和项目的需求。

（三）智能化与自动化设计工具的应用

智能化设计工具通过数据分析、模拟测试等手段，为设计师提供辅助设计决策的依据。这些工具能够帮助设计师更准确地把握用户需求和市场趋势，从而做出更为合理的设计决策。自动化设计工具能够自动完成一些重复性的、烦琐的设计任务，从而减轻设计师的工作负担，提高设计效率。同时，智能化设计工具的高度集成化也使设计师能够在一个平台上完成整个设计流程，进一步提高了设计效率。

智能化与自动化设计工具可以通过模拟测试、数据分析等手段，对设计方案进行优化。这些工具能够提前发现设计中存在的问题和不足，并提供有针对性的改进方向。通过不断地优化和改进，设计师能够设计出更加符合用户需求和市场趋势的优秀作品。

（四）智能化与自动化设计工具对设计领域的深远影响

智能化与自动化设计工具为设计师提供了更为丰富、准确和直观的设计手段，使得设计师能够更加自由地探索新的设计理念和表现方式。这种创新的设计理念和作品不仅能够提升设计的艺术性和观赏性，还能够推动设计行业的不断进步和发展。智能化与自动化设计工具通过精准模拟、数据分析等手段，能够提前发现设计中存在的问题和不足，并提供有针对性的改进方向。这种对设计细节的把控和优化能够显著提升设计的质量和用户满意度。

智能化与自动化设计工具的高度集成化和自动化程度使得设计流程更加简化和高效。设计师能够在一个平台上完成从概念设计到最终呈现的整个设计流程，无须在不同软件之间频繁切换和转换文件格式。这种简化的设计流程不仅提高了设计效率，还降低了设计成本。

二、虚拟现实与增强现实在设计中的融合

随着科技的飞速发展，虚拟现实（VR）与增强现实（AR）技术已逐渐从科幻概念转变为现实应用，特别是在设计领域，这两项技术的融合为设计师们提供了全新的工具和方法。VR技术通过创建沉浸式虚拟环境，使用户能够身临其境般体验设计成果；而AR技术则通过叠加虚拟信息于真实世界中，为用户提供增

强的感知体验。

（一）虚拟现实与增强现实在设计中的融合应用

虚拟现实与增强现实技术的融合为设计师提供了更为直观、高效的设计可视化手段。设计师可以利用 VR 技术构建三维模型，并通过 AR 技术将虚拟模型叠加在真实环境中，实现设计成果的快速预览和验证。这种方式不仅能够帮助设计师及时发现设计中的问题，还能够提高设计效率和质量。

通过 VR 和 AR 技术，设计师可以在虚拟环境中模拟真实的使用场景，让用户身临其境般体验设计成果。这种沉浸式的用户体验测试方式能够更准确地反映用户的真实需求和反馈，为设计师提供有针对性的改进方向。同时，VR 和 AR 技术还能够支持多用户同时参与测试，提高测试的效率和可靠性。

虚拟现实与增强现实技术的融合还为设计与教育培训提供了新的手段。设计师可以利用 VR 和 AR 技术构建虚拟教室或实验室，让学生在虚拟环境中进行实践操作和学习。这种方式不仅能够降低教育培训的成本和风险，还能够提高学生的学习兴趣和参与度。

在营销推广方面，虚拟现实与增强现实技术的融合也展现出了巨大的潜力。通过 VR 技术，企业可以为用户呈现一个逼真的虚拟展厅或产品体验区；而 AR 技术则可以将虚拟元素叠加在真实环境中，为用户提供更加生动有趣的互动体验。这种创新的营销推广方式不仅能够吸引用户的注意力，还能够提高产品的知名度和销量。

（二）虚拟现实与增强现实融合对设计领域的影响

虚拟现实与增强现实技术的融合为设计师提供了全新的设计思路和手段，推动了设计领域的创新和发展。设计师可以利用这些技术创造更加逼真、生动的虚拟环境，让用户能够更加深入地理解和体验设计成果。同时，这些技术还能够支持多用户同时参与设计和测试，促进设计师之间的交流和合作。虚拟现实与增强现实技术的融合能够帮助设计师更加直观、高效地表达设计意图和实现设计目标。通过 VR 和 AR 技术的辅助，设计师可以及时发现和解决设计中存在的问题和不足，提高设计效率和质量。同时，这些技术还能够支持设计成果的快速预览和验证，缩短设计周期和降低设计成本。

虚拟现实与增强现实技术的融合不仅适用于产品设计领域，还可以应用于建筑设计、城市规划、医疗康复等多个领域。在这些领域，VR 和 AR 技术能够为用户提供更加直观、生动的视觉体验和信息交互方式，推动相关领域的创新和发展。

三、可持续与环境友好型设计理念

随着全球环境问题的日益严峻，可持续发展和环境保护已成为当代社会的重要议题。在这样的背景下，可持续与环境友好型设计理念应运而生，它强调在设计过程中充分考虑资源的有效利用、环境的保护和社会的可持续发展。

（一）可持续与环境友好型设计理念的内涵

可持续与环境友好型设计理念是一种关注环境保护、资源节约和社会可持续发展的设计思想。它强调在设计过程中，要充分考虑产品、建筑或空间对环境的影响，以及资源的有效利用。具体来说，这种设计理念包括以下几个方面：

资源的有效利用：在设计过程中，要充分考虑资源的有限性，通过合理的设计方案，降低资源的消耗和浪费。例如，在建筑设计中，可以采用节能材料、绿色建材等，减少能源消耗和碳排放。

环境的保护：设计过程中要充分考虑对环境的保护，避免对环境造成污染和破坏。例如，在产品设计中，可以选用可回收、可降解的材料，减少废弃物的产生；在景观设计中，可以保留原有的自然生态，减少对生态系统的干扰。

社会的可持续发展：设计不仅要满足当前的需求，还要考虑未来的可持续发展。在设计中要充分考虑社会、经济、文化等因素，实现人与自然的和谐共生。

（二）可持续与环境友好型设计理念的特点

综合性：可持续与环境友好型设计理念涉及多个领域，包括生态学、环境科学、社会学等。它需要综合考虑各种因素，以实现设计的可持续发展。

前瞻性：这种设计理念不仅关注当前的环境问题，还要预见未来的发展趋势，为未来的可持续发展提供指导。

创新性：为了实现可持续发展，设计师需要不断创新，探索新的设计方法和材料，以满足环保和节能的要求。

实践性：可持续与环境友好型设计理念需要在实际项目中得到应用，通过实践检验其可行性和有效性。

（三）可持续与环境友好型设计理念的实践应用

建筑设计：在建筑设计中，可持续与环境友好型设计理念得到了广泛应用。例如，绿色建筑、生态建筑等概念逐渐深入人心。这些建筑在设计过程中充分考虑了节能、环保和可持续发展的要求，采用了节能材料、绿色建材等，实现了资源的有效利用和环境的保护。

产品设计：在产品设计中，可持续与环境友好型设计理念也得到了广泛应用。设计师在选材、生产、使用、回收等各个环节都充分考虑了环保和节能的要求。例如，使用可回收材料、降低能源消耗、减少废弃物产生等。这些设计不仅满足了消费者的需求，还促进了社会的可持续发展。

景观设计：在景观设计中，可持续与环境友好型设计理念同样得到了重视。设计师在规划过程中充分考虑了自然生态的保护和恢复，通过植被覆盖、水体净化等手段提高环境质量。同时，设计师还注重景观的可持续性和美观性，为人们创造了一个舒适、宜居的生活环境。

（四）可持续与环境友好型设计理念对未来设计领域的影响

推动设计创新：可持续与环境友好型设计理念将推动设计领域的创新和发展。设计师需要不断探索新的设计方法和材料，以满足环保和节能的要求。这将促进设计领域的科技进步和产业升级。

提高设计质量：通过实践可持续与环境友好型设计理念，设计师将更加注重设计的质量和效果。他们需要考虑产品的全生命周期、对环境的影响等因素，以提高设计的实用性和可持续性。这将有助于提高设计的质量和水平。

促进社会可持续发展：可持续与环境友好型设计理念将促进社会的可持续发展。通过设计领域的创新和实践，将推动社会向更加环保、节能、可持续的方向发展。这将有助于解决环境问题、缓解资源压力、促进社会的繁荣和稳定。

第五节　传统与现代环境艺术设计的比较

一、传统与现代环境艺术设计手段与工具的差异

环境艺术设计作为一门涵盖广泛、历史悠久的学科，其设计手段与工具随着时代的进步和技术的发展而不断演变。从传统的手绘、雕刻到现代的三维建模、虚拟现实技术，环境艺术设计手段与工具的变革不仅体现了技术的飞跃，也反映了设计理念和方法的转变。

（一）传统环境艺术设计手段与工具

传统环境艺术设计主要依赖于手绘来表达设计理念和构想。设计师通常使用铅笔、钢笔、水彩、马克笔等工具，在纸张或画布上进行创作。手绘作品具有独特的艺术魅力和个性化特点，能够直观地展现设计师的创意和风格。然而，手绘作品也存在一定的局限性，如难以精确表达尺寸和比例、修改困难等。在环境艺术设计中，雕刻和模型制作是常见的传统手段。设计师通过雕刻木材、石材等材料，或利用纸板、塑料等材料制作模型，来模拟和展示设计效果。这种方式能够直观地呈现设计细节和空间关系，有助于设计师和业主更好地理解设计方案。但雕刻和模型制作成本较高、制作周期较长，且不易保存和修改。

传统环境艺术设计在材料选择上主要依赖自然材料，如木材、石材、砖瓦等。这些材料具有独特的质感和纹理，能够营造出自然、古朴的环境氛围。在技术上，传统环境艺术设计注重手工艺的传承和发展，如木工、石雕等传统技艺在设计中得到广泛应用。然而，自然材料的获取和使用受到资源限制和环保要求的挑战，手工艺的传承也面临困境。

（二）现代环境艺术设计手段与工具

随着计算机技术的发展，计算机辅助设计（CAD）已成为现代环境艺术设计的重要手段。CAD软件能够精确地绘制二维和三维图形，支持参数化设计和自动化绘图，大大提高了设计效率和精度。设计师可以利用CAD软件进行方案设

计、效果图制作和施工图绘制等工作，实现快速、准确的设计表达。据统计，使用 CAD 软件进行设计可以比传统手绘方式节省约 50% 的时间和精力。

三维建模和虚拟现实技术为现代环境艺术设计提供了更加直观、生动的表达方式。设计师可以利用三维建模软件构建虚拟场景和模型，通过虚拟现实技术实现沉浸式的体验。这种方式能够真实地模拟设计效果和环境氛围，帮助设计师和业主更好地理解和评估设计方案。此外，三维建模和虚拟现实技术还支持多用户同时参与设计和互动，促进设计师之间的交流和合作。

现代环境艺术设计在材料选择上更加多样化，包括人造石材、合成木材、环保涂料等数字化材料。这些材料具有优良的性能和环保特性，能够满足现代设计的多样化需求。在技术上，现代环境艺术设计注重数字化技术的应用，如激光切割、3D 打印等技术能够精确地制作各种形状和尺寸的构件和装饰件。这些技术的应用不仅提高了设计精度和效率，还促进了设计创新和个性化表达。

（三）传统与现代环境艺术设计手段与工具的差异分析

现代环境艺术设计手段与工具在精度和效率方面明显优于传统方式。CAD 软件和三维建模技术能够精确地绘制图形和模拟场景，大大提高了设计精度和效率。但传统手绘和雕刻方式在精度和效率方面存在一定的局限性。现代环境艺术设计手段与工具能够提供更加直观、生动的表达方式，通过虚拟现实技术实现沉浸式的体验。这种表达方式能够真实地模拟设计效果和环境氛围，帮助设计师和业主更好地理解和评估设计方案。而传统手绘和雕刻方式在表达方式上相对单一，难以达到现代设计的多样化需求。

现代环境艺术设计在材料和技术方面更加多样化和环保。数字化材料和技术能够满足现代设计的多样化需求，同时也符合环保和可持续发展的要求。而传统环境艺术设计在材料和技术方面相对单一，且受到资源限制和环保要求的挑战。

二、传统与现代环境艺术设计理念与审美的变迁

环境艺术设计作为人类文明的重要组成部分，其设计理念与审美观念随着时代的演变而不断发生变迁。从传统的自然和谐、人文关怀到现代的简约实用、科技融合，环境艺术设计在不断地探索与创新中发展。

（一）传统环境艺术设计理念与审美

传统环境艺术设计理念的核心是自然和谐。在古代，人们尊重自然、崇拜自然，认为自然是万物之源、生命之本。因此，在环境艺术设计中，人们追求与自然环境的和谐统一，强调建筑与自然的融合，注重利用自然元素如山水、花木等来营造舒适、宁静的居住环境。这种设计理念体现了古人对自然的敬畏与尊重，以及对和谐生活的追求。传统环境艺术设计在追求自然和谐的同时，也注重人文关怀。古人认为环境艺术不仅是物质空间的创造，更是精神文化的体现。因此，在设计中，人们注重体现人文精神，通过建筑、园林等艺术形式来传达文化价值观、历史传统和民族精神。这种设计理念使得传统环境艺术设计具有丰富的文化内涵和深厚的历史底蕴。

传统环境艺术设计的审美观念主要体现在对形式美的追求上。古人注重建筑的对称、平衡、韵律等形式美感，追求一种端庄、典雅、大方的艺术效果。同时，他们也注重细节处理，通过雕刻、彩绘等装饰手法来增强建筑的艺术表现力。这种审美观念体现了古人对美的追求和向往，以及对艺术的敬畏与尊重。

（二）现代环境艺术设计理念与审美

随着现代社会的发展，人们的生活方式和审美观念发生了巨大的变化。现代环境艺术设计理念强调简约实用，追求简单、明了、实用的设计风格。这种设计理念强调功能性和实用性，注重解决人们的实际需求，反对过度装饰和奢华浪费。现代环境艺术设计注重空间布局的合理性和功能性，追求简洁明快的视觉效果，让人们在舒适的环境中享受现代生活的便捷与舒适。现代环境艺术设计理念还强调科技融合。随着科技的不断发展，新材料、新技术不断涌现，为环境艺术设计提供了更多的可能性。现代环境艺术设计注重利用科技手段来营造舒适、智能的居住环境，如智能家居系统、绿色建筑材料等。同时，现代环境艺术设计也注重与科技的结合，通过数字化技术、虚拟现实技术等手段来呈现设计效果，让人们更加直观地感受设计的魅力。

现代环境艺术设计的审美观念也发生了变化。现代人注重个性化和多元化，追求独特、新颖、时尚的艺术效果。现代环境艺术设计注重创新性和独特性，追求形式与功能的完美结合。在审美上，现代人更加注重色彩、材质、光影等元素的运用，通过独特的艺术手法来营造独特的空间氛围。同时，现代人也注重环保和可持续性发展，追求绿色、环保的设计理念。

（三）传统与现代环境艺术设计理念与审美的变迁分析

传统与现代环境艺术设计理念与审美的变迁受到社会文化因素的影响。随着社会的发展和进步，人们的生活方式、价值观念、审美观念等都在不断发生变化。这些变化反映到环境艺术设计中，就形成了不同的设计理念和审美观念。例如，现代社会追求简约实用的生活方式和个性化的审美观念，这就促使现代环境艺术设计理念向简约实用和科技融合的方向发展。科技进步也是推动传统与现代环境艺术设计理念与审美变迁的重要因素。随着新材料、新技术的不断涌现，环境艺术设计在材料、技术、表现手法等方面都得到了极大的拓展和创新。这些创新不仅丰富了环境艺术设计的表现手段，也推动了设计理念和审美观念的变化。例如，数字化技术、虚拟现实技术等现代科技手段的运用，使得现代环境艺术设计能够呈现出更加逼真、生动的空间效果。

环境保护意识的提升也对传统与现代环境艺术设计理念与审美的变迁产生了影响。人们越来越意识到环境保护的重要性。这种意识反映到环境艺术设计中，就形成了绿色、环保的设计理念。现代环境艺术设计注重利用可再生资源、减少能源消耗和废弃物排放等环保措施，以实现可持续发展。这种设计理念不仅符合现代社会的环保要求，也符合人们对美好生活的追求。

三、传统与现代环境艺术设计效率与质量的对比

环境艺术设计作为一门综合艺术学科，其设计效率与质量直接关系到项目的成功与否。随着科技的进步和社会的发展，现代环境艺术设计在效率与质量上相比传统设计有了显著的提升。

（一）传统环境艺术设计的效率与质量

传统环境艺术设计主要依赖于手绘和手工制作，设计师通过手绘图纸来表达设计理念和构思。这种艺术设计方式的效率相对较低，因为手绘需要花费大量时间和精力，且修改和调整也十分困难。同时，由于手绘图纸的局限性，设计师难以在短时间内呈现完整的设计效果，这进一步降低了设计效率。

传统环境艺术设计注重手工艺的传承和发展，设计师通过长期的实践和经验积累，形成了独特的设计风格和艺术表现力。在质量上，传统设计注重细节处理和材质选择，追求一种自然、古朴、典雅的艺术效果。然而，由于手绘图纸的局限性，设计师难以准确表达设计尺寸和比例，这在一定程度上影响了设计质量。

（二）现代环境艺术设计的效率与质量

现代环境艺术设计借助计算机辅助设计（CAD）软件、三维建模技术、虚拟现实（VR）等先进技术，实现了设计过程的数字化和智能化。设计师可以通过这些工具快速、准确地绘制设计图纸和三维模型，大大缩短了设计周期。同时，现代设计工具还支持快速修改和调整设计方案，使得设计师能够在短时间内完成多个设计方案的比较和优化。因此，现代环境艺术设计的效率得到了显著提升。

（1）计算机辅助设计（CAD）软件的应用：CAD软件能够精确地绘制二维和三维图形，支持参数化设计和自动化绘图，大大提高了设计效率。设计师可以利用CAD软件进行方案设计、效果图制作和施工图绘制等工作，实现快速、准确的设计表达。

（2）三维建模技术的运用：三维建模技术能够构建虚拟场景和模型，通过虚拟现实技术实现沉浸式的体验。这种技术能够真实地模拟设计效果和环境氛围，帮助设计师和业主更好地理解和评估设计方案。同时，三维建模技术还支持多用户同时参与设计和互动，进一步提高了设计效率。

（3）数字化材料与技术的应用：现代环境艺术设计在材料选择上更加多样化，包括人造石材、合成木材、环保涂料等数字化材料。这些材料具有优良的性能和环保特性，能够满足现代设计的多样化需求。在技术上，现代环境艺术设计注重数字化技术的应用，如激光切割、3D打印等技术能够精确地制作各种形状和尺寸的构件和装饰件。这些技术的应用不仅提高了设计精度和效率，还促进了设计创新和个性化表达。

现代环境艺术设计在追求效率的同时，也注重设计质量的提升。现代设计工具和技术使得设计师能够更加精确地表达设计理念和构思，减少误差和失误。同时，现代设计还注重创新性和独特性，追求形式与功能的完美结合。在材料选择上，现代设计注重环保和可持续性发展，选择环保材料和节能技术来营造绿色、健康的居住环境。这些措施使得现代环境艺术设计在质量上有了显著提升。

（三）传统与现代环境艺术设计效率与质量的对比

传统环境艺术设计由于依赖手绘和手工制作，设计效率相对较低。而现代环境艺术设计借助先进的计算机辅助设计软件和三维建模技术，实现了设计过程的数字化和智能化，大大提高了设计效率。现代设计能够在短时间内完成多个设计方案的比较和优化，缩短了设计周期。

传统环境艺术设计注重手工艺的传承和发展，在细节处理和材质选择上具有较高的艺术表现力。然而，由于手绘图纸的局限性，设计师难以准确表达设计尺寸和比例，这在一定程度上影响了设计质量。现代环境艺术设计则借助先进的技术工具和材料，实现了设计过程的精确表达和控制。现代设计注重创新性和独特性，追求形式与功能的完美结合，同时注重环保和可持续性发展。这些措施使得现代环境艺术设计在质量上有了显著提升。

四、传统与现代设计的融合与创新

在全球化与多元化的时代背景下，传统与现代设计的融合与创新已成为设计领域的重要议题。传统设计承载着丰富的历史文化和民族特色，而现代设计则以其新颖、前卫的理念和技术手段引领着设计潮流。

（一）传统设计的价值与特点

传统设计是历史文化的载体，它蕴含着丰富的历史信息和民族特色。通过传统设计，我们可以了解到一个民族的文化传统、审美观念和价值取向。例如，中国的传统建筑、园林、陶瓷等设计形式，都蕴含着深厚的文化底蕴和历史价值。传统设计注重手工艺的传承与发展，通过手工艺人的精湛技艺和匠心独运，创作出许多具有独特魅力的设计作品。这些作品不仅具有艺术价值，还体现了手工艺人的智慧和情感。

传统设计在审美观念上具有独特性，它追求的是一种自然、和谐、内敛的美感。这种美感不仅体现在设计的外观上，还体现在设计的内涵和精神层面。例如，中国的传统设计注重"天人合一"的哲学思想，追求人与自然的和谐共生。

（二）现代设计的理念与技术

现代设计注重简约实用的设计理念，追求简单、明了、实用的设计风格。这种设计理念强调功能性和实用性，注重解决人们的实际需求。现代设计通过简洁的线条、明快的色彩和合理的布局来营造舒适、宽敞的空间感。现代设计注重科技与艺术的结合，通过新材料、新技术和新工艺的运用，创作出具有独特魅力的设计作品。例如，数字化技术、虚拟现实技术等现代科技手段的应用，使得现代设计能够呈现出更加逼真、生动的视觉效果。

现代设计还注重可持续发展的设计理念，强调在设计过程中考虑环境、经济和社会因素。这种设计理念旨在实现人与自然的和谐共生，促进社会的可持续发展。

（三）传统与现代设计的融合与创新

传统与现代设计的融合可以从设计元素入手。设计师可以将传统的设计元素如图案、色彩、造型等与现代设计元素相结合，创作出具有独特魅力的设计作品。例如，将中国传统的吉祥图案与现代简约的设计风格相结合，可以创作出既具有文化内涵又符合现代审美观念的设计作品。除了设计元素的融合外，传统与现代设计的融合还可以从设计理念入手。设计师可以借鉴传统设计中的哲学思想、审美观念等，与现代设计理念相结合，创作出具有深度和内涵的设计作品。例如，将中国传统哲学中的"天人合一"思想与现代设计中的可持续发展理念相结合，可以创作出既注重环保又符合人们精神需求的设计作品。

在现代设计中，技术手段的创新是实现传统与现代融合的关键。设计师可以运用现代科技手段如数字化技术、虚拟现实技术等来呈现传统设计的元素和理念，创作出具有时代感和科技感的设计作品。同时，设计师还可以探索新的材料和工艺，为传统设计注入新的活力。传统设计蕴含着丰富的文化内涵和历史价值，设计师在融合传统与现代设计时应注重挖掘和传承这些文化内涵。通过深入了解传统文化的精髓和内涵，设计师可以将其融入到现代设计中，使设计作品具有深厚的文化底蕴和历史感。同时，设计师还可以通过设计作品来传播和弘扬传统文化，促进文化的传承与发展。

（四）案例分析

为了更好地阐述传统与现代设计的融合与创新，下面将举几个具体的案例进行分析。

贝聿铭设计的苏州博物馆是传统与现代设计融合的典范。在设计中，贝聿铭巧妙地运用了传统的园林设计手法和建筑元素，如粉墙黛瓦、坡屋顶等，与现代设计理念相结合，创造出了一个既具有江南水乡特色又符合现代审美观念的文化空间。同时，博物馆还采用了先进的环保技术和材料，体现了可持续发展的设计理念。

隈研吾的根津美术馆是另一个传统与现代设计融合的案例。在设计中，隈研吾运用了传统的木结构和纸窗等元素，与现代设计理念相结合，创造出了一个既具有日本传统美学特色又符合现代审美观念的艺术空间。同时，美术馆还采用了先进的自然采光和通风系统，体现了环保和可持续性的设计理念。

第二章　数字技术在环境艺术设计中的基础应用

第一节　数字绘图与建模技术

一、数字绘图技术的优势与应用范围

数字绘图技术作为现代科技与艺术创作的完美结合，已经深入到我们生活的各个领域。它以其独特的优势，改变了传统的绘画和创作方式，不仅极大地提高了创作的效率，也极大地拓展了艺术的表达形式和边界。

（一）数字绘图技术的优势

数字绘图技术的高效性和便捷性是其最显著的优势之一。与传统的绘画方式相比，数字绘图无须准备大量的画笔、颜料等传统绘画工具，只需一台配备专业绘图软件的电脑或平板设备，即可开始创作。此外，数字绘图软件通常具有强大的编辑和修改功能，艺术家可以轻松地调整颜色、线条、形状等，快速完成作品。这种高效性和便捷性使得数字绘图技术在艺术创作、设计、教育等领域得到了广泛应用。

数字绘图技术的精确性和可复制性是其另一个重要优势。通过精确的坐标和比例尺进行绘图，数字绘图技术可以确保作品的准确性。同时，数字绘图作品可以无损地进行复制和传输，方便艺术家在多个平台或设备上展示和分享作品。这种精确性和可复制性使得数字绘图技术在建筑设计、工程制图、考古绘图等领域具有广泛的应用价值。

数字绘图技术为艺术家提供了更多的创作可能性和创新空间。借助软件中的画笔、滤镜、特效等工具，艺术家可以创造出丰富的视觉效果和独特的艺术风格。

此外，数字绘图技术还支持跨领域合作，如与音乐、视频等媒体形式结合，创作出更加丰富多样的艺术作品。这种多样性和创新性使得数字绘图技术在广告设计、游戏设计、动画制作等领域具有广泛的应用前景。

（二）数字绘图技术的应用范围

在艺术设计领域，数字绘图技术得到了广泛应用。艺术家可以利用数字绘图软件进行绘画、插画、动画等创作，打破传统绘画的局限，创造出更加丰富多样的艺术形式和风格。此外，数字绘图技术还可以与平面设计、产品设计等领域结合，为设计师提供更多的创作工具和灵感来源。

在教育领域，数字绘图技术也发挥着重要作用。教师可以通过数字绘图软件进行教学演示和实验模拟，使学生更加直观地理解知识。同时，数字绘图技术还可以为学生提供更多的创作机会和平台，培养学生的创新思维和实践能力。例如，在美术教学中，教师可以利用数字绘图软件教授学生绘画技巧和色彩搭配；在科学教学中，教师可以利用数字绘图软件进行实验模拟和数据分析，帮助学生更好地理解科学原理。

在科研与工程领域，数字绘图技术同样具有广泛的应用。科研人员可以利用数字绘图技术进行数据分析、模拟实验等操作；工程师可以利用数字绘图技术绘制出精确的工程图纸和效果图。这种精确性和直观性使得数字绘图技术在地质勘探、建筑设计、机械制造等领域具有广泛的应用价值。

在考古与文物保护领域，数字绘图技术为考古学者提供了直观、全面的研究资料。通过数字绘图技术，考古学者可以精确地记录和展示古代遗址和文物的细节，为考古研究提供有力支持。同时，数字绘图技术还可以用于文物的虚拟修复和展示，为文物保护工作提供新的思路和方法。

二、常用数字绘图软件及其特点分析

随着信息技术的飞速发展，数字绘图技术已成为现代艺术创作、设计、教育等领域不可或缺的工具。数字绘图软件作为数字绘图技术的核心，种类繁多，各具特色。

（一）常用数字绘图软件概述

Adobe Photoshop 是一款功能强大的图像编辑软件，广泛应用于手绘、数字绘画和图形设计等领域。其主要特点如下：

（1）功能丰富：Photoshop 提供了丰富的绘画工具、笔刷和调色板，支持多种图层编辑和混合模式，能够满足专业艺术家和设计师的各种需求。

（2）排版上色效果好：Photoshop 在排版和上色方面表现出色，可以轻松实现各种复杂的图像效果。

（3）支持自定义笔刷：Photoshop 支持导入和自定义笔刷，用户可以根据自己的需求创建独特的绘画工具。

（4）兼容性强：Photoshop 支持多种文件格式，可以与多种设计软件无缝对接，方便用户在不同软件之间切换。

Clip Studio Paint（前身为 Manga Studio）是一款专为漫画和插图创作而设计的软件。其主要特点如下：

（1）漫画创作功能强大：Clip Studio Paint 提供了丰富的漫画创作工具，如漫画面板制作、角色模型等，适合数字绘画和漫画创作。

（2）界面简洁易用：Clip Studio Paint 的界面设计简洁明了，易于上手，新手用户也能快速掌握使用技巧。

（3）丰富的素材库：Clip Studio Paint 内置了丰富的素材库，包括各种背景、角色、道具等，方便用户快速搭建场景和角色。

（4）支持多平台使用：Clip Studio Paint 支持 Windows、Mac 和 iPad 等多个平台，用户可以在不同设备上无缝切换使用。

Procreate 是专门为 iPad 设计的绘画软件，以其流畅的绘画体验和强大的绘画引擎而闻名。其主要特点如下：

（1）专为移动设备设计：Procreate 充分利用了 iPad 的触摸屏特性，提供了流畅的绘画体验，使得艺术家可以在移动设备上创作精美的数字艺术品。

（2）丰富的绘画工具：Procreate 提供了多种绘画工具、画笔和画布选项，用户可以根据自己的需求选择合适的工具进行创作。

（3）手势操作便捷：Procreate 支持手势操作，用户可以通过简单的手势实现缩放、旋转、移动等操作，提高了绘画的便捷性。

（4）支持导出多种格式：Procreate 支持导出多种文件格式，如 PNG、JPEG、PSD 等，方便用户在不同平台和设备上展示和分享作品。

Krita 是一款免费、开源的绘画软件，适用于 Windows、Mac 和 Linux 系统。其主要特点包括：

（1）免费开源：Krita 是一款免费开源的软件，用户可以在不违反使用协议的前提下自由使用和分享软件。

（2）功能全面：Krita 提供了各种绘画工具、图层管理和编辑选项，具有可自定义的用户界面和丰富的功能，满足艺术家和插图设计师的各种需求。

（3）支持多种文件格式：Krita 支持多种文件格式，如 PSD、TIFF、PNG 等，方便用户在不同软件之间交换文件。

（4）社区支持：Krita 拥有一个活跃的社区，用户可以在社区中交流经验、分享作品和获取技术支持。

（二）常用数字绘图软件特点归纳

功能丰富性：以上几款常用数字绘图软件均提供了丰富的绘画工具和功能选项，能够满足不同用户的需求。

易用性：这些软件在界面设计和操作体验上都考虑了用户的使用习惯，使得新手用户也能快速上手并掌握使用技巧。

兼容性：这些软件支持多种文件格式和平台使用，方便用户在不同设备和软件之间切换使用。

社区支持：这些软件通常拥有活跃的社区支持，用户可以在社区中交流经验、分享作品和获取技术支持。

三、三维建模技术的基本原理与操作技巧

三维建模技术是计算机图形学中的一个重要领域，它通过使用专业的三维建模软件，将真实世界的物体或概念以数字化的形式在计算机中呈现。这项技术广泛应用于工业设计、游戏开发、影视制作、虚拟现实等多个领域。

（一）三维建模技术的基本原理

三维空间是一个由长度、宽度和高度三个维度组成的空间。在三维空间中，每一个点都可以用三个坐标值（x，y，z）来表示。三维建模技术就是在这样的三维空间中创建和编辑物体的技术。三维建模中的物体通常是由一系列的几何体构成的。这些几何体包括立方体、球体、圆柱体等基本形状，以及由这些基本形状组合而成的复杂形状。在构建几何体时，我们需要定义其顶点、边和面等元素，并通过调整这些元素的位置、大小和属性来形成所需的形状。

为了使三维模型更加真实和生动，我们通常需要为其添加纹理。纹理映射是将二维图像（纹理图）映射到三维模型表面的过程。通过纹理映射，我们可以为模型添加颜色、细节和质感等效果。光照和渲染是三维建模中非常重要的环节。光照决定了模型在场景中的明暗和阴影效果，而渲染则是将模型以图像的形式呈现出来的过程。在渲染过程中，我们需要考虑光照条件、材质属性、相机参数等多种因素，以获得高质量的渲染效果。

（二）三维建模技术的操作技巧

不同的三维建模软件具有不同的界面和工具集。在开始建模之前，我们需要熟悉所选软件的界面布局、工具栏、菜单等元素，并掌握常用工具的使用方法。这将有助于我们更高效地创建和编辑模型。在三维建模中，有多种建模方法可供选择，如多边形建模、曲面建模、体积建模等。不同的建模方法适用于不同的场景和需求。在选择建模方法时，我们需要根据具体情况权衡利弊，选择最适合的方法。

在创建复杂模型时，我们通常需要先构建一些基础形状作为起点。这些基础形状可以是简单的几何体，也可以是由多个几何体组合而成的复杂形状。通过调整这些基础形状的大小、位置和属性，我们可以逐步构建出所需的模型。在建模过程中，使用参考图像可以帮助我们更准确地还原物体的形状和细节。参考图像可以是物体的照片、设计图或其他相关图像。通过将这些图像导入建模软件中并作为参考图层使用，我们可以更轻松地创建出符合要求的模型。

在基础形状构建完成后，我们需要进一步细化模型的细节。这包括添加更多的几何体、调整表面的平滑度、添加纹理和贴图等。在细化过程中，我们要注重模型的细节表现力和整体协调性，以确保模型在最终呈现时具有良好的视觉效果。光照和渲染设置对于模型的最终呈现效果至关重要。在调整光照设置时，我们需要考虑光源的位置、颜色、强度和阴影效果等因素；在调整渲染设置时，我们需要选择合适的渲染器、调整材质属性、设置相机参数等。通过不断调整和优化这些设置，我们可以获得更加真实、生动的渲染效果。

在模型创建完成后，我们还需要考虑其性能问题。对于需要实时渲染的模型（如游戏中的角色或场景），我们需要尽可能地减少其面数和复杂度以提高渲染速度；对于需要高精度渲染的模型（如影视特效中的道具或场景），我们则需要确保模型的细节和纹理质量。通过合理的优化策略，我们可以在保证模型质量的同时提高其性能表现。

第二节 虚拟现实与增强现实技术

一、虚拟现实技术在环境艺术设计中的应用价值

在环境艺术设计中，设计师通常需要花费大量时间和精力进行手绘或利用传统软件进行设计。然而，这些方式往往受到设计师个人能力和技术水平的限制，难以保证设计的精确度和效率。虚拟现实技术的应用，使得设计师可以通过计算机生成的三维模型进行设计，从而大大提高了设计的精确度和效率。设计师可以在虚拟环境中实时查看设计效果，并进行快速修改和调整，避免了传统设计中反复修改图纸的烦琐过程。

在环境艺术设计中，这种技术可以将设计师的创意以更为直观和生动的方式呈现给用户。用户可以通过佩戴 VR 设备，在虚拟环境中自由行走、观察，从而更加深入地了解设计方案的特点和优势。这种直观的表现方式不仅有助于用户更好地理解设计方案，还能够激发用户的参与感和归属感，增强设计方案的吸引力和说服力。在传统的环境艺术设计中，设计师往往需要在实际场地进行多次实地考察和测量，这不仅增加了设计成本，还可能导致设计方案的修改和调整。虚拟现实技术的应用，使得设计师可以在虚拟环境中进行设计和模拟，从而避免了实

地考察和测量的烦琐过程。此外，虚拟现实技术还可以模拟各种复杂的环境条件和因素，如光照、材质、气候等，帮助设计师更加全面地考虑设计方案的实际应用情况，降低设计成本和风险。

在环境艺术设计中，用户的参与度和满意度是衡量设计成果的重要标准之一。虚拟现实技术通过提供沉浸式的体验方式，使用户能够更加深入地参与到设计过程中来。用户可以在虚拟环境中自由探索、互动，提出自己的意见和建议，从而更加积极地参与到设计方案的制订和修改中来。这种参与方式不仅有助于提升用户的满意度和归属感，还能够促进设计师与用户之间的沟通和交流，提高设计方案的针对性和实用性。虚拟现实技术的应用为环境艺术设计带来了新的创新机遇和发展空间。设计师可以利用虚拟现实技术进行跨领域的设计探索和创新尝试，如将游戏设计、影视制作等领域的元素引入到环境艺术设计中来，创作出更加独特和富有创意的设计作品。此外，虚拟现实技术还可以为环境艺术设计提供更加丰富和多样的设计素材和工具，如虚拟植物、虚拟材质等，为设计师提供更多的创作灵感和选择空间。

二、增强现实技术对设计方案呈现的提升作用

传统的设计方案呈现方式往往依赖于图纸、模型或效果图，这些方式在展示设计成果时存在较大的局限性。而增强现实技术能够实时地将虚拟信息叠加到真实环境中，使用户能够在真实环境中实时查看设计方案的效果。这种实时性与动态性使得设计师能够及时调整设计方案，根据用户的需求和反馈进行优化和改进。同时，用户也能够更加直观地了解设计方案的细节和特点，从而更加准确地评估设计方案的可行性和实用性。

增强现实技术使得用户能够与虚拟信息进行实时交互，这种交互性不仅提高了用户的使用体验，还增强了用户的参与感和归属感。在环境艺术设计领域，用户可以通过增强现实技术实时查看设计方案的效果，并对其进行操作和调整。例如，用户可以通过手势识别、语音控制等方式与虚拟物体进行交互，了解物体的尺寸、材质、颜色等属性，并对其进行修改和优化。这种交互性使得用户能够更加深入地了解设计方案的细节和特点，从而更加准确地评估其可行性和实用性。

同时，用户的参与感和归属感也得到了极大的提升，使得设计方案更加符合用户的实际需求和使用习惯。

增强现实技术能够创造出逼真的虚拟环境，使用户能够在真实环境中体验到前所未有的虚拟效果。在环境艺术设计领域，这种沉浸性和体验感使得设计方案更加生动、直观和有趣。用户可以通过佩戴增强现实设备，如 AR 眼镜或头盔等，进入虚拟环境中，感受设计方案的氛围和效果。这种沉浸式的体验方式不仅提高了用户的使用体验，还使得用户能够更加深入地了解设计方案的细节和特点。同时，设计师也能够通过增强现实技术创建出更加逼真的虚拟环境，为设计方案提供更加真实的展示平台。

增强现实技术能够将复杂的设计信息以直观、易懂的方式呈现给用户，使得设计方案更加易于理解和接受。在环境艺术设计领域，设计方案的复杂性和多样性使得用户往往难以理解和接受设计方案中的细节和特点。而增强现实技术能够通过三维建模、动画演示等方式将设计方案中的信息以直观、易懂的方式呈现给用户，使用户能够更加深入地了解设计方案的细节和特点。同时，增强现实技术还能够将设计方案中的复杂信息以图表、数据等方式进行可视化处理，使得用户能够更加直观地了解设计方案的性能、成本等方面的信息。

增强现实技术具有高度的灵活性和创新性，使得设计师能够充分发挥自己的创意和想象力。在环境艺术设计领域，设计师可以利用增强现实技术创建各种独特的虚拟场景和物体，为设计方案提供更加丰富的展示手段。同时，增强现实技术还支持多种交互方式和输入设备，使得设计师能够根据自己的需求选择合适的交互方式和输入设备，提高设计的灵活性和创新性。此外，增强现实技术还可以与其他技术相结合，如人工智能、大数据等，为环境艺术设计领域带来更加广阔的创新空间和发展机遇。

三、VR/AR 技术的硬件设备与软件支持介绍

（一）VR/AR 硬件设备

1.VR 头盔显示器

作用：VR 头盔显示器是 VR 技术的核心硬件，用于将用户完全沉浸在虚拟

环境中。它通过左右眼屏幕分别显示不同的图像，利用人眼的视差原理，创造出立体的视觉效果。

特点：高分辨率、低延迟，确保流畅、真实的视觉体验。如 Oculus Rift、HTC Vive 等高端 VR 头盔，已成为专业级 VR 体验的首选。

2.AR 眼镜

作用：AR 眼镜是 AR 技术的关键设备，它将虚拟信息叠加到用户的视野中，实现现实与虚拟的融合。

特点：轻便、便携，适合在日常生活中使用。例如，雷鸟 Air2、XREAL Air 2 Pro 等 AR 眼镜，提供了丰富的 AR 应用体验。

3.VR/AR 手柄与控制器

作用：用于在虚拟环境中进行交互操作，如抓取、移动虚拟物体，导航和选择等。

特点：具有高精度的追踪和定位功能，能够确保用户在虚拟环境中的操作准确无误。

4. 高性能计算机

作用：VR/AR 制作和处理需要大量的 3D 数据和渲染任务，高性能计算机提供了强大的计算能力，能够确保流畅的运行体验。

特点：配备高性能 CPU、GPU 和内存，能够处理复杂的 3D 场景和实时渲染任务。

5. 其他辅助设备

如动作捕捉系统、光学追踪系统等，进一步提高 VR/AR 的交互体验和沉浸感。

（二）VR/AR 软件支持

1.3D 建模软件

如 3ds Max、Maya 等，用于创建虚拟场景中的三维模型，是 VR/AR 内容制作的基础。

2. 贴图与纹理制作软件

如 Photoshop、Substance Painter 等，用于为 3D 模型添加逼真的贴图和纹理，增强视觉真实感。

3.动画与特效软件

如 After Effects、Houdini 等，用于制作 VR/AR 内容中的动画和特效，提升视觉冲击力。

4.引擎与开发工具

如 Unity、Unreal Engine 等，整合 3D 模型、贴图、动画等元素，形成完整的 VR/AR 内容，并提供丰富的功能和工具，方便开发者进行应用开发。

5.VR/AR 设计软件

如 Adobe Aero、Pixso 等，专为 VR/AR 设计而打造的软件，提供了高效的设计工具和灵活的定制选项，使用户可以根据自己的需要自由发挥创意。

四、虚拟现实与增强现实在设计中的融合与创新

（一）虚拟现实（VR）在设计中的应用与创新

在传统设计过程中，验证设计方案的可行性通常需要制作物理原型，这不仅耗时耗力，而且成本高昂。而 VR 技术可以在虚拟环境中模拟真实世界的物理特性和交互方式，使设计师能够在早期阶段就对设计方案进行验证和优化。这种虚拟验证的方式大大降低了设计风险和成本，提高了设计效率。

（二）增强现实（AR）在设计中的应用与创新

在复杂的设计项目中，AR 技术可以为设计师提供实时的辅助和指导。通过将设计数据和指导信息以虚拟形式叠加到真实环境中，设计师可以更加准确地把握设计细节和施工要求。这种设计辅助方式不仅提高了设计的精确性和效率，还降低了出错率。

（三）VR 与 AR 在设计中的融合与创新

虽然 VR 和 AR 在技术原理和应用场景上有所不同，但它们在设计中可以相互融合，共同推动设计的创新和发展。

VR 和 AR 技术的融合可以使设计流程更加整合和优化。设计师可以利用 VR 技术进行初步的方案设计和验证，然后再通过 AR 技术在真实环境中进行展示和互动。这种整合的设计流程不仅提高了设计效率和质量，还使设计方案更加贴近实际需求和使用场景。

VR 和 AR 的融合还可以为用户提供更加丰富和提升的设计体验。通过 VR 技术，用户可以完全沉浸在虚拟的设计环境中进行探索和交互；而通过 AR 技术，用户又可以在现实世界中直观地看到和感受设计效果。这种融合的体验方式使得用户能够更加深入地了解设计方案的特点和优势，从而提升设计的吸引力和说服力。

第三节 数字照明与渲染技术

一、数字照明技术的原理及其在环境设计中的运用

数字照明技术作为现代照明领域的一项重要创新，正逐渐改变着人们的生活方式和环境设计观念。数字照明技术通过集成计算机控制、网络通信、传感器技术等多种先进技术，实现了对照明设备的智能化控制和管理，为环境设计提供了更加灵活、高效和可持续的解决方案。

（一）数字照明技术的原理

数字照明技术是一种基于计算机控制、网络通信和传感器技术的智能化照明系统。其基本原理是通过将照明设备连接到计算机网络中，利用计算机控制系统对照明设备进行远程控制和管理。具体来说，数字照明系统包括以下几个关键部分：

照明设备：包括各种灯具、光源和照明控制器等，用于提供照明服务。

计算机网络：用于连接照明设备和控制系统，实现数据的传输和共享。

控制系统：包括中央控制器、传感器和执行器等，用于接收和处理来自照明设备和环境的信息，并根据预设的算法和规则对照明设备进行智能化控制。

在数字照明系统中，传感器技术起着至关重要的作用。传感器可以实时监测环境的光照、温度、湿度等参数，并将这些信息传输给控制系统。控制系统根据这些信息以及预设的算法和规则，自动调节照明设备的亮度、色温、色彩等参数，以满足不同环境和场景下的照明需求。

（二）数字照明技术在环境设计中的运用

数字照明技术在环境设计中的运用非常广泛，涵盖了建筑、景观、室内等多个领域。在建筑照明设计中，数字照明技术可以实现建筑物的智能化照明控制。通过安装传感器和控制系统，可以实时监测建筑物的光照情况和人流情况，并根据这些信息自动调节照明设备的亮度和色温。例如，在白天光线充足时，可以自动降低照明设备的亮度以节省能源；在夜晚或人流密集时，可以自动提高照明设备的亮度以提供足够的照明服务。此外，数字照明技术还可以根据建筑物的功能和风格设计个性化的照明方案，创造出独特的视觉效果。

在景观照明设计中，数字照明技术可以实现景观的智能化照明控制。通过安装传感器和控制系统，可以实时监测景观的光照情况和天气情况，并根据这些信息自动调节照明设备的亮度和色彩。例如，在晴朗的夜晚，可以自动调整照明设备的色彩和亮度以突出景观的特点；在雨天或雾天等恶劣天气条件下，可以自动降低照明设备的亮度以避免对景观造成不良影响。此外，数字照明技术还可以根据景观的主题和风格设计个性化的照明方案，营造出不同的氛围和视觉效果。

在室内照明设计中，数字照明技术可以实现室内环境的智能化照明控制。通过安装传感器和控制系统，可以实时监测室内光照、温度、湿度等参数，并根据这些信息自动调节照明设备的亮度、色温等参数。例如，在白天可以自动调节照明设备的亮度以适应室内光照的变化；在晚上可以自动调整照明设备的色温以营造舒适的氛围。此外，数字照明技术还可以根据室内空间的布局和功能设计个性化的照明方案，满足不同的照明需求。

二、渲染技术对环境艺术设计效果的影响

在环境艺术设计领域，技术的创新与发展一直是推动设计效果提升的关键因素。近年来，渲染技术以其强大的图像处理能力和逼真的视觉效果，逐渐成为环境艺术设计中的重要工具。

（一）渲染技术概述

渲染技术是一个利用计算机图形学原理，将三维模型转化为二维图像的过程。在环境艺术设计中，渲染技术主要用于模拟真实的光照、材质和阴影等效果，

使设计成果更加逼真、生动。随着计算机技术的不断发展，渲染技术也在不断更新换代，从早期的光线追踪技术到如今的实时渲染技术，其性能和效果都有了显著的提升。

（二）渲染技术对环境艺术设计效果的具体影响

渲染技术能够将设计师的创意和想法以逼真的图像形式呈现出来，使设计成果更加直观、易于理解。通过渲染技术，设计师可以模拟出不同材质、光照和阴影等效果，使设计作品更加接近真实场景。这种高度可视化的设计表达方式，不仅提高了设计师与客户之间的沟通效率，还有助于设计师更好地理解和优化设计方案。

渲染技术能够模拟出丰富的光影效果和材质质感，使设计作品更加生动、有感染力。通过调整光照、材质和阴影等参数，设计师可以创造出不同的视觉效果和氛围，从而增强设计作品的表现力。例如，在景观设计中，渲染技术可以模拟出清晨的阳光、午后的阴影和夜晚的灯光等效果，使景观场景更加真实、引人入胜。

渲染技术可以在设计初期就帮助设计师发现潜在的问题和不足，从而优化设计方案。通过模拟真实场景的光照、材质和阴影等效果，设计师可以更加直观地观察到设计方案在不同环境和光照条件下的表现情况。这有助于设计师及时发现并修正设计中的缺陷和不足，提高设计方案的可行性和实用性。

渲染技术的不断发展也给环境艺术设计带来了更多的创新机会。通过运用新的渲染技术和算法，设计师可以探索出更多独特的设计效果和表现方式。同时，渲染技术也为跨学科的设计合作提供了便利，使不同领域的设计师能够共同探索新的设计思路和表现方法。这种跨领域的合作和创新，有助于推动环境艺术设计领域的不断发展和进步。

（三）渲染技术在环境艺术设计中的实践应用

在建筑设计领域，渲染技术被广泛应用于建筑效果图和动画的制作中。通过渲染技术，设计师可以模拟出建筑在不同光照、材质和阴影等条件下的外观效果，帮助客户更好地理解设计方案。同时，渲染技术还可以用于制作建筑动画，展示建筑在不同时间、季节和视角下的视觉效果，使设计成果更加生动、直观。

在景观设计领域，渲染技术也被广泛应用。设计师可以通过渲染技术模拟出不同材质、光照和阴影等效果，使景观场景更加真实、生动。同时，渲染技术还可以用于制作景观动画和虚拟现实场景，帮助客户更好地了解景观设计方案的效果和体验。在室内设计领域，渲染技术同样起着重要作用。设计师可以利用渲染技术模拟出不同材质、光照和色彩等效果，使室内空间更加生动、温馨。通过渲染技术制作的室内效果图和动画，可以帮助客户更好地了解设计方案的效果和细节，从而更加准确地表达自己的需求和期望。

三、高质量渲染的实现方法与技巧

在数字艺术、电影特效、游戏开发及建筑可视化等领域，高质量渲染是追求视觉真实感和艺术美感的重要一环。高质量渲染不仅需要先进的计算机图形技术和硬件支持，还需要设计师掌握一系列的实现方法与技巧。

（一）高质量渲染的基础要素

光照模型是渲染过程中模拟真实光照效果的基础。常见的光照模型有Lambert 模型、Phong 模型、Blinn-Phong 模型以及更复杂的基于物理的渲染（PBR）模型等。选择适合场景的光照模型，能够更准确地模拟光照效果，提高渲染质量。材质系统是定义物体表面特性的关键。通过设定不同的材质参数，如反射率、折射率、漫反射颜色等，可以模拟出不同材质的外观和质感。高质量的材质系统需要考虑光照、纹理、凹凸贴图等多种因素，以实现逼真的渲染效果。

阴影处理是增强场景真实感的重要手段。高质量的阴影处理需要考虑阴影的软硬程度、投射距离、遮挡关系等因素。常见的阴影算法包括阴影映射、光线追踪和深度阴影映射等。纹理映射是将二维图像映射到三维物体表面的技术。通过纹理映射，可以为物体添加丰富的细节和质感。高质量的纹理映射需要考虑纹理的分辨率、贴图方式、UV 坐标等因素，以实现逼真的渲染效果。

（二）高质量渲染的实现方法

全局光照是一种考虑场景中所有光源对物体表面光照贡献的渲染方法。通过计算直接光照和间接光照，全局光照能够更准确地模拟真实世界的光照效果。常见的全局光照算法包括光线追踪、辐射度方法和光子映射等。基于物理的渲染是一种根据物理原理模拟光照和材质特性的渲染方法。PBR 技术能够更准确地模拟真实世界的光照和材质效果，如金属表面的镜面反射、非金属表面的漫反射和次表面散射等。PBR 技术需要深入理解光学原理和材质特性，以实现高质量的渲染效果。

实时渲染和离线渲染是两种不同的渲染方式。实时渲染要求在保证渲染质量的同时，尽可能地提高渲染速度，以满足实时交互的需求。离线渲染则更注重渲染质量和细节，可以花费更多的时间和计算资源来生成高质量的渲染图像。根据不同的应用场景和需求，可以选择适合的渲染方式。多通道渲染是一种将渲染过程分解为多个独立通道的技术。每个通道负责处理不同的渲染任务，如颜色通道、法线通道、高光通道等。通过合并多个通道的结果，可以生成具有丰富细节和层次感的渲染图像。多通道渲染可以提高渲染的灵活性和可扩展性，满足不同场景下的渲染需求。

（三）高质量渲染的技巧

渲染参数的设置对渲染质量有着重要影响。合理设置渲染参数可以平衡渲染质量和计算资源的需求。例如，根据场景规模和复杂度调整光照采样数量、阴影映射分辨率等参数，以达到理想的渲染效果。高质量的渲染需要消耗大量的计算资源。使用高性能的计算机硬件和图形处理器（GPU）可以显著提高渲染速度和质量。此外，还可以利用云计算等分布式计算资源来加速渲染过程。

优化场景结构和材质可以减少不必要的计算量和资源消耗，提高渲染效率。例如，通过减少场景中不必要的多边形数量、合并相似材质等方式来优化场景结构；通过简化材质参数、使用更高效的纹理压缩算法等方式来优化材质。渲染引擎通常提供了丰富的功能和工具来支持高质量渲染。充分利用这些功能和工具可以简化渲染过程并提高渲染质量。例如，使用渲染引擎中的抗锯齿算法来减少图像锯齿；使用景深效果来模拟相机镜头的焦点效果等。

四、数字照明与渲染在设计中的协同作用

在数字设计领域，数字照明与渲染技术作为两大核心工具，共同为设计师提供了强大的视觉表达手段。数字照明技术能够模拟真实世界中的光照效果，为设

计场景增添光影变化；而渲染技术则能将设计师的创意和想法以逼真的图像形式呈现，为设计成果增添真实感和艺术感。

（一）数字照明与渲染的基本概念

数字照明技术利用计算机图形学原理，模拟真实世界中的光照效果。它可以通过调整光源类型、位置、颜色、强度等参数，为设计场景提供丰富的光影变化。数字照明技术不仅能够模拟自然光（如太阳光、月光等），还能够模拟人造光（如灯光、火光等），为设计场景增添真实感和层次感。

渲染技术是将三维模型转化为二维图像的过程，它利用计算机图形学算法和图像处理技术，将设计师的创意和想法以逼真的图像形式呈现。渲染技术包括光照计算、材质处理、阴影生成等多个环节，能够模拟真实世界中的光照、材质和阴影等效果，使设计成果更加生动、真实。

（二）数字照明与渲染的协同作用

数字照明与渲染技术的协同作用，使得设计成果能够以逼真的图像形式呈现，极大地提升了设计的可视化程度。设计师可以通过调整光照参数和渲染设置，模拟出不同时间、不同环境下的设计效果，帮助客户更好地理解设计方案。同时，逼真的渲染图像还能够吸引更多的潜在客户和投资者，为设计项目赢得更多机会。数字照明与渲染技术的协同作用，能够增强设计作品的表现力。通过精准控制光源位置和强度，设计师可以营造出丰富的光影效果，突出设计作品的重点和特点。同时，渲染技术还能够模拟出真实世界中的材质和阴影效果，使设计作品更加生动、真实。这种高度的表现力有助于设计师更好地传达设计理念和情感，引起观众的共鸣。

数字照明与渲染技术的协同作用，有助于设计师优化设计方案。在设计初期，设计师可以利用数字照明技术模拟出不同光照条件下的设计效果，从而发现潜在的问题和不足。通过调整光照参数和渲染设置，设计师可以不断尝试和优化设计方案，使其更加符合实际需求和审美标准。这种迭代式的设计方法有助于提高设计方案的可行性和实用性。数字照明与渲染技术的协同作用，为设计师提供了更多的创新机会。通过尝试不同的光照参数和渲染设置，设计师可以探索出更多独特的设计效果和表现方式。同时，数字照明与渲染技术还可以与其他设计工具和技术相结合，如虚拟现实（VR）、增强现实（AR）等，为设计师提供更广阔的创意空间。这种跨领域的合作和创新有助于推动设计领域的不断发展和进步。

（三）数字照明与渲染的协同作用案例

在建筑设计领域，数字照明与渲染技术的协同作用为设计师提供了更多的表现手段。通过精准控制光照参数和渲染设置，设计师可以模拟出不同时间、不同天气条件下的建筑外观效果，帮助客户更好地理解设计方案。同时，逼真的渲染图像还能够吸引更多的投资者和潜在客户，为建筑项目赢得更多机会。

在室内设计领域，数字照明与渲染技术的协同作用使得设计师能够更好地展示设计成果。通过模拟不同光源类型和强度的光照效果，设计师可以营造出温馨、舒适或现代的室内氛围。同时，渲染技术还能够模拟出真实世界中的材质和阴影效果，使室内空间更加生动、真实。这种高度还原的设计表达有助于设计师更好地传达设计理念和风格。

第四节　交互式设计与用户体验

一、交互式设计的核心理念及其在环境艺术中的应用

随着科技的快速发展和人们生活水平的提高，环境艺术不再仅仅满足于视觉上的美观，而是更加注重与人的互动和体验。交互式设计作为一种新兴的设计理念，以其独特的核心理念和广泛的应用前景，逐渐在环境艺术领域崭露头角。

（一）交互式设计的核心理念

交互式设计的核心理念是以用户为中心，注重用户体验和信息传递。它通过研究用户的认知和行为规律，以用户的目标为导向，设计符合用户心智模型、符合逻辑的操作行为，使用户能够更自然、更流畅地与产品或环境进行交互。交互式设计的出发点和落脚点都是用户。在设计过程中，设计师需要深入了解用户的需求、习惯和心理，以用户的目标为导向，设计符合用户心智模型、符合逻辑的操作行为。同时，设计师还需要关注用户的反馈和体验，不断优化设计方案，提

高用户的满意度和忠诚度。

交互式设计强调用户体验的重要性，致力于为用户创造舒适、便捷、愉悦的使用体验。在设计过程中，设计师需要考虑用户的使用场景、情感需求和心理预期，通过设计合理的行为引导和反馈机制，使用户能够更自然、更流畅地与产品或环境进行交互。同时，设计师还需要关注用户的个性化需求，提供个性化的交互体验。交互式设计不仅关注用户与产品或环境之间的交互行为，还强调信息的传递和沟通。设计师需要通过设计合理的信息架构和交互流程，使用户能够更快速、更准确地获取所需信息。同时，设计师还需要考虑信息的可视化表达方式和呈现效果，使用户能够更直观地理解信息内容。

（二）交互式设计在环境艺术中的应用

环境艺术作为一门综合性的艺术形式，涉及建筑、景观、室内等多个领域。交互式设计在环境艺术中的应用，不仅丰富了环境艺术的表现形式和内涵，还提高了环境艺术的互动性和趣味性。交互式设计通过运用各种技术手段，如传感器、触摸屏、投影等，使环境艺术作品具有更强的互动性。观众可以通过触摸、点击、移动等动作与作品进行交互，从而获得更加丰富的体验和感受。这种互动性不仅增强了观众对作品的参与感和沉浸感，还使作品更加生动、有趣。

交互式设计注重用户体验，通过设计合理的行为引导和反馈机制，使观众在与作品交互的过程中获得更加舒适、便捷、愉悦的体验。例如，在景观设计中，设计师可以通过设置互动装置或景观设施，让观众在欣赏美景的同时，还能够参与到景观的创造和体验中来，从而获得更加丰富的体验感。交互式设计强调信息的传递和沟通，通过设计合理的信息架构和交互流程，使观众能够更快速、更准确地获取所需信息。在环境艺术中，设计师可以通过设置互动展板、触摸屏等设备，向观众展示作品的创作背景、设计理念、文化内涵等信息，使观众能够更深入地了解作品并与之产生共鸣。

交互式设计关注用户的个性化需求，通过提供个性化的交互体验，满足不同观众的需求和喜好。在环境艺术中，设计师可以通过设置不同的交互模式和场景，让观众根据自己的兴趣和偏好选择适合自己的交互方式，从而获得更加个性化的服务体验。

二、用户体验在环境艺术设计中的重要性

随着社会的快速发展和人们生活水平的提高，环境艺术设计作为一个综合性的学科，不仅追求美观与功能的结合，更强调与人的互动和满足人们的精神需求。用户体验（User Experience，简称 UX）作为衡量产品与用户之间互动质量的重要指标，在环境艺术设计中发挥着越来越重要的作用。

（一）用户体验的概念

用户体验是指用户在使用产品或服务过程中所形成的整体感受，包括情感、认知、生理等方面的反应。在环境艺术设计中，用户体验可以理解为人们在与环境互动的过程中所产生的心理、生理及情感上的体验。这种体验不仅取决于环境本身的设计质量，还受到个人因素、文化背景、社会环境等多种因素的影响。

（二）环境艺术设计的特性

环境艺术设计是一门综合性的学科，它涉及建筑学、景观学、室内设计、美学等多个领域。其特性主要表现在以下几个方面：

综合性：环境艺术设计需要考虑的因素众多，包括空间布局、色彩搭配、材质选择、光影效果等，这些因素之间相互关联、相互影响，共同构成了一个完整的环境系统。

实用性：环境艺术设计不仅要追求美观，更要满足人们的实际需求。例如，在办公环境中，设计要考虑到员工的工作效率和舒适度；在居住环境中，设计要关注居住的便利性和安全性。

艺术性：环境艺术设计是一种艺术形式，它追求美感和情感的表达。通过艺术的手段，设计师可以创造出富有感染力和吸引力的空间环境，使人们在其中获得愉悦和满足。

（三）用户体验在环境艺术设计中的应用

在环境艺术设计中，用户体验的应用主要体现在以下几个方面：

以人为本的设计理念：在环境艺术设计中，设计师需要始终坚持以人为本的设计理念，关注人的需求和感受。通过深入了解目标用户的需求和喜好，设计师可以创造出更符合人们心理预期和审美需求的空间环境。

人性化的设计细节：在环境艺术设计中，细节决定成败。设计师需要在设计中注重人性化的细节处理，如合理的空间布局、舒适的座椅设计、便捷的交通流线等，以提升用户的整体体验。

互动性的设计元素：互动性是现代环境艺术设计的重要特征之一。通过引入互动性的设计元素，如智能设备、感应装置等，设计师可以创造出更加生动、有趣的空间环境，增强用户与环境的互动体验。

情感化的设计表达：情感化设计是提升用户体验的重要手段之一。在环境艺术设计中，设计师需要注重情感化的设计表达，通过色彩、材质、光影等手段营造不同的氛围和情感效果，使人们在其中产生情感共鸣和归属感。

（四）用户体验在环境艺术设计中的重要性

用户体验在环境艺术设计中的重要性主要体现在以下几个方面：

提升环境价值：通过关注用户体验，设计师可以创造出更符合人们需求和期望的空间环境，从而提升环境的整体价值。这种价值不仅体现在物质层面，更体现在精神层面和文化层面。

增强用户满意度：良好的用户体验可以增强用户的满意度和忠诚度。在环境艺术设计中，通过提升用户体验，设计师可以吸引更多的用户前来参观和使用，从而增强环境的吸引力和竞争力。

促进人与环境的和谐共生：用户体验强调人与环境之间的互动和关系。在环境艺术设计中，通过关注用户体验，设计师可以创造出更加人性化、生态化的空间环境，促进人与环境的和谐共生和可持续发展。

三、如何提升交互式设计的用户体验满意度

在数字化时代，交互式设计已成为产品与服务中不可或缺的一部分。无论是网页应用、移动应用、智能设备还是虚拟现实（VR）与增强现实（AR）技术，用户体验（UX）都是决定产品成功与否的关键因素。提升交互式设计的用户体验满意度，不仅有助于提高用户黏性，还能促进产品的口碑传播和市场竞争力。

（一）深入用户研究，理解用户需求

用户研究是提升交互式设计用户体验满意度的基石。通过深入了解目标用户

群体的特征、需求、行为和心理，设计师能够更准确地把握用户的期望和痛点，从而设计出更符合用户需求的交互界面和流程。

用户画像：构建清晰的用户画像，包括用户的年龄、性别、职业、兴趣、使用场景等，有助于设计师更好地理解用户需求和期望。

用户访谈：通过面对面的访谈，深入了解用户的使用习惯、偏好和痛点，获取一手的用户反馈和建议。

问卷调查：设计合理的问卷，通过大规模的调查收集用户数据，分析用户需求和期望的共性和差异。

竞品分析：对市场上同类产品或服务进行分析，了解它们的优点和不足，以便在设计中避免重复错误并借鉴成功经验。

（二）遵循设计原则，打造优质交互体验

遵循设计原则，能够确保交互设计在满足用户需求的同时，也具备良好的可用性和美观性。以下是一些重要的设计原则：

简洁明了：保持界面简洁，避免过多的元素和信息干扰用户。同时，确保信息的传递清晰明了，让用户能够快速理解并操作。

一致性：保持界面风格、操作流程和交互方式的一致性，降低用户的学习成本，提高使用效率。

可用性：确保产品易于使用、易于理解和易于记忆。设计师应关注用户的操作习惯，提供符合直觉的交互方式。

反馈性：及时给予用户反馈，让用户了解操作的结果和状态。这有助于增强用户的控制感和信任感。

美观性：注重界面的美观性和视觉吸引力，通过色彩、布局、图标等元素提升用户的审美体验。

（三）建立有效的反馈机制，持续优化产品

建立有效的反馈机制是提升交互式设计用户体验满意度的关键。通过收集和分析用户反馈，设计师能够及时发现并解决产品中存在的问题，持续优化产品，提高用户满意度。

设立用户反馈渠道：在产品中设立用户反馈渠道，如在线客服、用户论坛、

社交媒体等，让用户能够方便地向设计师反映问题和提出建议。

及时响应用户反馈：对于用户反馈的问题和建议，设计师应及时响应并处理。对于能够立即解决的问题，应尽快修复并更新产品；对于需要较长时间解决的问题，应向用户说明情况并给出解决方案。

分析用户反馈数据：通过收集和分析用户反馈数据，设计师可以了解用户对产品的满意度、使用频率、使用场景等信息，从而更准确地把握用户需求和市场趋势。

持续优化产品：根据用户反馈和数据分析结果，设计师应持续优化产品，提高产品的可用性和美观性，增强用户的满意度和忠诚度。

（四）注重细节处理，提升用户体验

细节决定成败。在交互式设计中，注重细节处理能够显著提升用户体验满意度。以下是一些值得关注的细节：

动画效果：合理的动画效果能够增强用户的视觉体验，提高产品的吸引力和趣味性。设计师应根据产品的特点和用户需求，选择合适的动画效果和过渡方式。

交互提示：通过交互提示引导用户进行操作，降低用户的操作难度和出错率。例如，在输入框中显示提示文字、在按钮上添加图标等。

自定义设置：允许用户根据自己的需求和喜好进行个性化设置，如字体大小、颜色主题等。这有助于提高用户的满意度和归属感。

加载速度：优化产品的加载速度，减少用户的等待时间。设计师应关注产品的性能优化和服务器配置等方面的问题。

四、交互式设计与传统设计的比较分析

随着科技的飞速发展和人类生活方式的变革，设计领域也迎来了前所未有的变革。传统的产品设计理念正在被交互式设计理念所挑战和补充。

（一）交互式设计与传统设计的定义与特点

1.交互式设计的定义与特点

交互式设计是一种专注于定义人造系统的行为方式的设计领域，强调用户与产品、服务或系统之间的有效互动。它不仅仅关注产品的外观和功能，更关注

用户在使用过程中的体验、感受和需求。交互式设计的特点主要体现在以下几个方面：

以用户为中心：交互式设计的核心思想是以人为本，强调设计师在设计过程中要深入了解用户的需求、习惯和心理，确保产品能够满足用户的期望。

行为导向：交互式设计关注用户与产品之间的行为互动，通过设计合理的操作流程、反馈机制等，提升用户的使用体验和满意度。

跨学科融合：交互式设计融合了多个学科的知识和技术，如心理学、计算机科学、工业设计等，实现了跨学科的创新和整合。

2. 传统设计的定义与特点

传统设计主要指的是在工业时代形成和发展起来的设计理念和方法，它强调产品的外观、功能和耐用性。传统设计的特点主要体现在以下几个方面：

功能性导向：传统设计以产品的功能实现为主要目标，追求产品的实用性和耐用性。

美学追求：传统设计注重产品的美学价值和审美感受，追求产品的美观和和谐。

标准化生产：传统设计通常采用标准化的生产流程和技术，以实现产品的大规模生产和成本控制。

（二）交互式设计与传统设计的比较分析

1. 设计理念的差异

交互式设计以用户需求为核心，强调用户体验和感受；传统设计则主要关注产品的功能和美学价值，设计师在产品设计中占据主导地位。这种差异导致了两者在设计方法和目标上的不同。

2. 设计方法的差异

交互式设计采用以用户为中心的设计方法，通过用户研究、原型制作、测试评估等手段，不断迭代和优化设计方案；传统设计则通常采用线性设计流程，从概念设计到生产制造的整个过程中，设计师主导设计方案的制订和实施。

3. 设计目标的差异

交互式设计的目标是创造一个用户与产品互动的愉悦体验，不仅关注产品的物理特性，还关注用户与产品之间的行为、情感和认知交互；传统设计的目标则在于创造具有美观外观、优良功能和可靠性能的产品，主要解决的是产品与外部世界之间的物理交互问题。

4.设计评估的差异

交互式设计在评估产品时，除了关注产品的功能和性能外，更注重用户体验和用户反馈的收集和分析；传统设计则主要通过产品的功能和外观来评估其优劣。

5.优缺点分析

交互式设计的优点在于能够更好地满足用户需求，提升用户体验和满意度；同时，由于采用迭代优化的设计方法，能够及时发现和解决问题，提高设计效率和质量。然而，交互式设计的实施需要较高的技术水平和跨学科的融合能力，对设计师的素质要求较高。

传统设计的优点在于能够确保产品的实用性和耐用性，实现大规模生产和成本控制；同时，由于历史悠久，传统设计积累了丰富的设计经验和案例。然而，传统设计往往忽视了用户需求和体验的重要性，导致产品在市场竞争中缺乏优势。

（三）交互式设计与传统设计的融合与发展

虽然交互式设计和传统设计在理念和方法上存在差异，但两者并不是孤立的，而是可以相互融合和发展的。随着科技的进步和人类生活方式的变革，未来的设计将更加注重用户体验和跨学科融合。交互式设计和传统设计可以相互借鉴和融合，共同推动设计领域的发展和创新。

第五节　3D打印技术在环境设计中的运用

一、3D打印技术的原理及其在环境设计中的应用范围

随着科技的不断发展，3D打印技术逐渐从工业领域渗透到人们的日常生活中，其独特的增材制造方式不仅改变了传统的生产方式，也为环境设计领域带来了革命性的变革。

（一）3D 打印技术的原理

3D 打印技术又称增材制造技术，是一种以数字模型文件为基础，运用可黏合材料（如塑料、金属粉末等）通过逐层打印的方式来构造物体的技术。其包括以下几个步骤：

数字化设计模型：首先，通过计算机辅助设计（CAD）软件或 3D 扫描仪获取物体的三维数字模型。这个模型是后续打印的基础。

切片处理：利用切片软件将三维数字模型切割成一系列二维的薄片，每个薄片代表物体在某一高度上的横截面。

逐层打印：3D 打印机根据切片处理后的数据，通过喷嘴、激光束或其他方式逐层堆积材料。每层材料的堆积都基于前一层的位置和形状，以确保最终成型的准确性。

层间黏合：在逐层堆积的过程中，每层材料都需要与前一层进行黏合，以确保整个物体的结构稳固。不同的打印技术和材料有不同的层间黏合方式。

后期处理：打印完成后，可能需要对物体进行打磨、上色等后期处理，以达到更好的外观和性能。

（二）3D 打印技术在环境设计中的应用范围

传统的环境设计过程复杂且耗时，设计师通常需要依赖图纸和模型来呈现设计效果。而 3D 打印技术能够直接将设计数据转化为实物模型，极大地提高了设计的便捷性和效率。同时，由于其快速成型的特性，设计师可以快速迭代和优化设计方案，实现个性化设计。例如，在室内环境设计中，设计师可以利用 3D 打印技术快速制作家具、灯具等物品的模型，以便客户更直观地了解设计效果。此外，设计师还可以根据客户的需求和喜好，定制个性化的家居用品，提高设计的灵活性和满意度。

传统的环境设计过程中，需要消耗大量的原材料和能源来制作样品和模型。而 3D 打印技术采用增材制造的方式，能够最大限度地减少材料的浪费和能源的消耗。此外，由于打印过程中无须模具和复杂的加工工艺，因此能够显著降低生产成本。例如，在景观设计中，设计师可以利用 3D 打印技术制作地形模型、植物模型等，以便更准确地评估设计方案的效果和可行性。与传统的手工制作相比，这种方法不仅成本低廉，而且能够快速响应设计变更，提高设计的灵活性和效率。

传统的制造工艺往往难以加工复杂的结构和形状，而 3D 打印技术则能够轻松实现这些设计。通过逐层堆积的方式，3D 打印机可以制造出具有复杂内部结构和表面形态的物体，满足环境设计中对结构和形态的高要求。例如，在建筑设计中，设计师可以利用 3D 打印技术制作具有复杂结构和形状的建筑模型，以便更直观地展示设计方案的特点和优势。此外，3D 打印技术还可以用于制造具有特殊功能的建筑材料和结构件，如轻质高强度的墙体材料、复杂结构的桥梁和支撑系统等。

随着人们对环境保护和可持续发展的重视，3D 打印技术在环境设计中的应用也逐渐受到关注。通过利用废旧材料和可再生材料作为打印材料，3D 打印技术可以实现废物的回收再利用和资源的节约。同时，由于其快速成型的特性，3D 打印技术还可以减少传统制造过程中产生的废弃物和污染物的排放。例如，在景观设计中，设计师可以利用 3D 打印技术制作可降解的环保材料模型，如生物塑料、纸质材料等。这些材料在打印完成后可以自然降解，不会对环境造成污染。此外，设计师还可以利用 3D 打印技术制作具有环保功能的景观设施，如雨水收集系统、太阳能照明系统等，以实现绿色设计和低碳生活。

二、3D 打印技术对设计创新的推动作用

在科技日新月异的今天，3D 打印技术凭借其独特的优势，正逐步成为设计创新的重要推动力。这一技术的出现不仅改变了传统的设计和生产流程，更以其高度的灵活性和可定制性为设计师提供了前所未有的创意空间。

（一）3D 打印技术概述

3D 打印技术也称为增材制造技术，是一种基于数字模型，通过逐层堆积材料来构建三维实体的方法。与传统制造方法不同，3D 打印无须复杂的模具和加工设备，而是直接将数字模型转化为实体，大大简化了生产流程。此外，3D 打印技术还能使用多种材料，包括塑料、金属、陶瓷等，满足不同领域的需求。

（二）3D 打印技术对设计创新的推动作用

在传统的设计领域，设计师往往受到材料、工艺和成本等因素的限制，无法

充分实现自己的创意。然而，3D 打印技术的出现打破了这些限制。它不仅可以实现复杂结构的制造，还能使用多种材料，为设计师提供了更大的创作空间。设计师可以不再局限于传统的生产方式和材料选择，而是根据自己的创意和需求来选择最适合的材料和工艺。在传统的设计过程中，设计师需要经历多次原型制作和测试，以验证设计的可行性和效果。然而，这一过程往往耗时耗力，且成本高昂。而 3D 打印技术可以快速地将数字模型转化为实体原型，并在短时间内进行多次迭代和优化。这种快速反馈的机制使得设计师能够及时发现和解决问题，提高设计的效率和质量。同时，通过不断地迭代和优化，设计师可以逐步完善设计方案，使其更加符合实际需求和用户期望。

3D 打印技术的出现不仅为设计师提供了更多的创作空间，还激发了他们的创新思维。设计师可以通过探索新的材料、结构和形状来创造出独特的产品。这种跨领域的创新和探索不仅拓宽了设计领域的边界，还推动了设计领域与其他领域的融合和交叉发展。此外，3D 打印技术还为设计师提供了与其他领域专家合作的机会，共同探索新的设计领域和应用场景。随着消费者对个性化需求的不断增加，个性化定制设计已经成为设计领域的重要趋势。而 3D 打印技术的高度灵活性和可定制性使得个性化定制设计成为可能。设计师可以根据消费者的需求和喜好来定制产品，实现真正意义上的个性化。这种个性化定制设计不仅能满足消费者的需求，还能提高产品的附加值和市场竞争力。

3D 打印技术的普及和应用还推动了设计领域的数字化转型。通过数字化设计和制造流程，设计师可以更加高效地管理设计数据和资源，实现设计过程的自动化和智能化。同时，数字化转型还有助于提高设计效率和质量，降低生产成本和缩短上市时间。这种数字化转型的趋势将使设计领域更加符合数字化时代的发展需求。

（三）3D 打印技术在设计创新中的挑战与机遇

尽管 3D 打印技术对设计创新具有重要的推动作用，但在实际应用过程中也面临着一些挑战。首先，3D 打印技术的成本仍然较高，限制了其在一些领域的广泛应用。其次，3D 打印技术的材料种类和性能还有待进一步提高，以满足不同领域的需求。最后，3D 打印技术的精度和稳定性也需要进一步提高，以确保产品的质量和可靠性。

然而，这些挑战也为 3D 打印技术的发展提供了机遇。随着技术的不断进步和成本的降低，3D 打印技术将在更多领域得到应用。同时，随着新材料和新工艺的不断涌现，3D 打印技术的性能和精度也将不断提高。这将为设计师提供更多的创作空间和创新机会，推动设计领域的不断发展。

三、3D 打印模型在制作过程中的注意事项

3D 打印技术作为现代制造业的重要组成部分，其应用越来越广泛。从工业级的零部件到消费级的艺术品，3D 打印技术都展现出了其独特的优势。然而，在 3D 打印模型制作过程中，存在诸多需要注意的事项，这些事项不仅关系到模型的打印质量，还影响到打印效率和成本。

（一）模型设计阶段的注意事项

精度与尺寸：在设计 3D 模型时，首先要考虑的是模型的精度和尺寸。不同的 3D 打印机有不同的打印精度和尺寸限制，因此设计师需要根据所选打印机的性能参数来合理设计模型。过高的精度要求可能导致打印时间过长，而过大的尺寸则可能超出打印机的打印范围。

壁厚与支撑：在设计模型时，还需要注意模型的壁厚和支撑结构。过薄的壁厚可能导致模型在打印过程中发生变形或断裂，而合理的支撑结构则能够确保模型在打印过程中的稳定性。设计师需要根据模型的形状和尺寸来合理设计支撑结构，并在打印完成后及时去除支撑。

悬空与跨桥：悬空和跨桥是 3D 打印中常见的问题。悬空部分是指没有支撑或支撑不足的部分，而跨桥则是指跨越较大空间的桥梁结构。这些部分在打印过程中容易发生变形或断裂。因此，设计师需要尽量避免设计过多的悬空和跨桥结构，或在必要时添加额外的支撑。

（二）文件格式与切片软件的注意事项

文件格式：在将设计好的 3D 模型导入切片软件之前，需要确保文件格式的正确性。常见的 3D 打印文件格式有 STL、OBJ、AMF 等。不同的切片软件能支持不同的文件格式，因此需要根据所选切片软件的要求来选择合适的文件格式。

切片软件设置：切片软件是将 3D 模型转换为 3D 打印机可识别的代码的关

键工具。在使用切片软件时，需要注意以下几点：

打印机设置：确保选择正确的打印机型号和参数设置，如层高、填充密度、打印速度等。

支撑设置：根据模型的形状和尺寸来合理设置支撑结构，确保模型在打印过程中的稳定性。

切片精度：切片精度决定了打印层的高度和模型的表面质量。一般来说，切片精度越高，打印质量越好，但打印时间也会相应增加。

（三）打印过程中的注意事项

打印平台校准：在打印之前，需要对打印平台进行校准，确保平台平整且与喷嘴保持适当距离。这有助于避免模型在打印过程中发生位移或变形。

喷嘴温度与材料选择：喷嘴温度是影响打印质量的关键因素之一。不同的材料需要不同的喷嘴温度。在选择材料时，需要确保所选材料与打印机的喷嘴温度兼容。同时，还需要注意材料的保质期和存储条件，避免使用过期或受潮的材料。

打印速度与质量：打印速度和质量是相互矛盾的。较快的打印速度可能导致打印质量下降，而较慢的打印速度则可以提高打印质量。因此，在打印过程中需要根据实际情况来平衡打印速度和质量。

实时监控与调整：在打印过程中，需要实时监控打印状态，包括喷嘴温度、材料供应、打印进度等。如发现问题，需要及时调整打印参数或停止打印以避免损失。

（四）后处理与保养的注意事项

模型支撑去除：在打印完成后，需要去除模型上的支撑结构。这需要使用合适的工具和方法，避免损坏模型表面。同时，还需要注意清理过程中产生的废料和粉尘，保持工作环境的整洁。

模型表面处理：去除支撑后，可能需要对模型表面进行进一步处理，如打磨、抛光、上色等。这些处理步骤可以提高模型的外观质量和耐用性。

打印机保养：在长期使用过程中，打印机会出现磨损和故障。因此，需要定期对打印机进行保养和维修，包括清理喷嘴、更换耗材、检查电路等。这有助于延长打印机的使用寿命并保持良好的工作状态。

（五）安全与环境方面的注意事项

安全操作：在操作过程中，需要遵守安全操作规程，如佩戴防护眼镜、手套等防护用品，避免直接接触高温部件和有害材料。同时，还需要注意防止火灾和触电等安全事故的发生。

环境保护：3D 打印过程中会产生废料和粉尘等污染物。因此，需要采取措施减少这些污染物的排放，如使用环保材料、安装除尘设备等。同时，还需要注意处理打印过程中产生的废料和废弃物，避免对环境造成污染。

第六节　数字化项目管理与协作工具

一、数字化项目管理的优势与实施方法

随着信息技术的迅猛发展，数字化已成为现代社会的重要特征之一。在项目管理领域，数字化技术的引入和应用极大地提高了项目管理的效率和质量。数字化项目管理以其独特的优势，正在逐步取代传统的项目管理方式，成为现代项目管理的重要发展方向。

（一）数字化项目管理的优势

数字化项目管理通过引入信息化、自动化等技术手段，实现了项目管理流程的数字化和自动化，大大减少了人工干预和重复劳动，提高了项目管理效率。例如，通过项目管理软件，可以实时跟踪项目进度、成本、质量等关键指标，及时发现并解决问题，确保项目按计划进行。数字化项目管理通过数据分析和预测，能够提前发现项目潜在的风险和问题，为项目管理者提供决策支持。同时，数字化项目管理还能够实现项目资源的优化配置，避免资源浪费和重复投入，降低项目成本。此外，数字化项目管理还能够加强项目团队成员之间的沟通和协作，提高项目团队的整体效率。

数字化项目管理能够实现项目信息的实时共享和展示，使项目管理者、项目团队成员、利益相关方等都能够及时了解项目进展情况和存在的问题。这种透明

度不仅有助于加强项目管理的监督和评估，还能够增强项目团队的凝聚力和向心力，提高项目成员的积极性和工作效率。数字化项目管理能够将项目过程中的各种文档、资料、经验等进行数字化存储和管理，形成项目知识库。这有助于项目团队成员之间的知识共享和经验传承，提高项目管理的专业水平。同时，数字化项目管理还能够实现项目知识的积累和沉淀，为企业的长期发展提供有力支持。

（二）数字化项目管理的实施方法

在实施数字化项目管理之前，首先需要明确项目的目标和需求。这包括项目的目标、范围、时间、成本、质量等方面的要求。只有明确了项目目标和需求，才能够有针对性地制订数字化项目管理的实施方案。数字化项目管理的实施离不开项目管理软件的支持。在选择项目管理软件时，需要考虑软件的功能、易用性、可扩展性等方面的因素。同时，还需要结合项目的实际需求和团队的实际情况进行选择。通过选择合适的项目管理软件，可以实现项目管理流程的数字化和自动化，提高项目管理的效率和质量。

在明确了项目目标和需求并选择了合适的项目管理软件之后，需要制定数字化项目管理的流程。这包括项目的立项、计划、执行、监控、收尾等各个阶段的具体步骤和要求。通过制定数字化项目管理流程，可以确保项目管理工作的规范化和标准化，提高项目管理的效率和质量。数字化项目管理的实施需要建立一个高效的项目团队，并明确团队成员的职责和分工。项目团队成员需要具备数字化项目管理的相关知识和技能，并能够熟练掌握项目管理软件的使用。同时，还需要加强项目团队成员之间的沟通和协作，确保项目管理工作的高效进行。

在制定了数字化项目管理流程并建立了项目团队之后，就可以开始实施数字化项目管理了。在实施过程中，需要严格按照项目管理流程进行操作，并及时记录项目进展情况和存在的问题。同时，还需要对项目进行实时监控和评估，确保项目按计划进行并达到预期目标。

数字化项目管理的实施是一个持续的过程。在项目完成后，需要对项目管理过程进行总结和评估，发现问题并提出改进措施。同时，还需要关注行业发展和技术更新，不断学习和掌握新的数字化项目管理技术和方法，为企业的长期发展提供有力支持。

二、常用协作工具及其在项目中的应用

随着科技的进步和全球化的推进，项目管理已不再是单一部门或个人的工作，而是需要多部门、多人员协同合作，共同完成的计划。在这个过程中，协作工具的应用显得尤为重要。它们不仅提高了团队之间的沟通效率，还确保了项目的顺利进行。

（一）常用协作工具介绍

Asana 是一款功能强大的项目管理工具，适用于各种规模和类型的项目。它提供了直观的可视化界面，帮助团队清晰地了解项目进展和每个人的任务分配。通过利用 Asana，团队可以轻松地跟踪任务进度、设置提醒、共享文件，并进行实时沟通。此外，Asana 还支持与多种团队协作应用程序集成，如 Slack、Drive 等，进一步提高了团队协作的便利性。

BoardMix 是一款在线协作白板平台，适用于远程团队进行创意讨论、头脑风暴和项目管理。它支持多人同时在线编辑、评论和共享文档，让团队成员可以实时看到彼此的想法和进展。BoardMix 还提供了丰富的模板和图形工具，帮助团队快速构建项目计划、思维导图和流程图等。此外，BoardMix 还支持与视频会议工具集成，方便团队进行远程协作。

Trello 是一款基于卡片的协作工具，非常适合进行可视化的项目管理。在 Trello 中，每个项目都可以被分解为多个卡片，每个卡片代表一个任务或子项目。团队成员可以将卡片分配给不同的成员，并设置截止日期和优先级。通过拖动卡片，团队成员可以轻松地调整任务顺序和进度。此外，Trello 还支持添加注释、附件和标签等功能，方便团队成员之间进行沟通和协作。

Teams 是微软推出的一款团队协作工具，它集成了即时通信、文件共享、视频会议等多种功能。通过 Teams，团队成员可以随时随地进行沟通和协作，无须担心时间和空间的限制。Teams 还支持多级别权限控制，确保项目数据的安全性。此外，Teams 还支持与多种 Office 应用程序集成，如 Word、Excel 等，方便团队成员进行文档编辑和共享。

（二）协作工具在项目中的应用

协作工具中的任务分配和追踪功能可以帮助项目管理者将任务分配给团队成员，并实时跟踪任务的进度和完成情况。例如，在 Asana 中，项目管理者可以创建任务列表，将任务分配给不同的成员，并设置截止日期和优先级。团队成员可以通过 Asana 实时查看任务进度和完成情况，确保项目按计划进行。

协作工具通常提供实时协作和讨论功能，使团队成员可以在同一个平台上实时协作和交流。这些功能通常包括在线聊天、视频会议、共享文件和屏幕共享等。例如，在 BoardMix 中，团队成员可以实时编辑和评论文档，共享彼此的想法和进展。通过 BoardMix 的视频会议功能，团队成员还可以进行远程协作和讨论。

协作工具中的反馈和评论功能可以帮助团队成员及时向其他成员提供反馈和建议。这些反馈和建议可以帮助团队成员更好地理解彼此的需求和想法，提高项目的执行质量。例如，在 Trello 中，团队成员可以在卡片上添加注释和评论，分享自己的想法和意见。其他成员可以实时查看这些注释和评论，并根据需要进行回复和调整。

协作工具中的文档共享和协作功能可以帮助团队成员在同一个平台上共享和协作文档。这些文档可以是文本文档、电子表格、幻灯片、图像等各种格式。团队成员可以对文档进行注释、编辑和审阅，以便更好地协作和沟通。例如，在 Teams 中，团队成员可以共享和编辑 Office 文档，并实时查看其他成员的修改和评论。

协作工具中的进度报告和数据分析功能可以帮助团队成员更好地了解项目的进展情况。这些功能可以收集和分析各种数据，如时间表、任务进度、成本预算、团队成员绩效等。通过生成进度报告和数据分析图表，团队成员可以了解项目的整体进展情况，并制订相应的计划和策略。例如，在 Asana 中，项目管理者可以生成任务进度报告和数据分析图表，以便更好地了解项目的进展情况和团队成员的绩效。

三、提高项目管理效率与团队协作的策略

在竞争激烈的商业环境中，项目管理效率和团队协作能力成为企业成功的关

键因素。随着项目复杂性的增加和团队规模的扩大，如何有效地管理项目、促进团队协作，成为项目管理者面临的重要挑战。

（一）明确项目目标和范围

项目目标是项目管理的出发点和归宿。在项目启动阶段，项目管理者应与团队成员共同讨论，明确项目的目标、愿景和期望成果。这有助于团队成员对项目有共同的理解和认识，为后续的协作和决策奠定基础。项目范围是指项目所需完成的工作和交付成果。在项目启动阶段，项目管理者应详细界定项目范围，包括项目的工作内容、任务分解、时间节点等。通过明确项目范围，可以避免团队成员在工作中产生误解和冲突，提高团队协作效率。

（二）优化项目管理流程

项目计划是项目管理的核心。在项目启动阶段，项目管理者应制订详细的项目计划，包括项目的时间表、预算、资源分配等。通过制订详细的项目计划，可以确保项目按照既定的目标和范围进行，提高项目管理效率。敏捷管理是一种灵活、快速响应变化的项目管理方法。通过引入敏捷管理方法，项目管理者可以更好地应对项目中的不确定性和变化，提高项目的适应性和灵活性。同时，敏捷管理方法强调团队协作和沟通，有助于提升团队的协作效率。

项目管理者应定期对项目进度进行监控和评估，确保项目按计划进行。同时，项目管理者还应关注项目中的潜在风险，及时制定应对措施，降低风险对项目的影响。通过监控项目进度和风险，可以确保项目的顺利进行，提高项目管理效率。

（三）加强团队协作与沟通

团队文化是团队协作的基石。项目管理者应努力营造积极向上的团队氛围，鼓励团队成员相互尊重、信任和支持。通过建立良好的团队文化，可以激发团队成员的积极性和创造力，提高团队协作效率。在项目启动阶段，项目管理者应明确团队成员的职责和角色，确保每个成员都清楚自己的任务和目标。通过明确职责和角色，可以避免团队成员之间的职责重叠和冲突，提高团队协作效率。

沟通与协作是团队协作的关键。项目管理者应定期组织团队会议和讨论，鼓励团队成员分享想法、交流经验和解决问题。同时，项目管理者还应关注团队成员之间的沟通和协作情况，及时解决沟通障碍和协作问题。通过加强团队沟通与协作，可以提高团队协作效率，推动项目的顺利进行。

（四）利用先进的项目管理工具和技术

项目管理软件是提高项目管理效率的重要工具。通过引入项目管理软件，项目管理者可以实时跟踪项目进度、成本和风险等信息，提高项目管理的透明度和效率。同时，项目管理软件还可以帮助团队成员更好地协作和沟通，提高团队协作效率。云计算和大数据技术是项目管理领域的新兴技术。通过应用这些技术，项目管理者可以更加高效地处理和分析项目数据，为项目决策提供有力支持。同时，云计算和大数据技术还可以帮助项目管理者更好地应对项目中的不确定性和变化，提高项目的适应性和灵活性。

（五）持续改进和优化项目管理流程

项目管理者应定期收集和分析项目数据，了解项目的进展情况和存在的问题。通过收集和分析项目数据，可以发现项目管理中的不足之处，为后续的改进和优化提供依据。在项目结束后，项目管理者应组织团队成员总结项目的经验教训。通过总结项目经验教训，可以发现项目管理中的优点和不足，为未来的项目管理提供有益的参考。

基于项目数据分析和经验教训总结，项目管理者应持续改进和优化项目管理流程。通过持续改进和优化项目管理流程，可以提高项目管理效率和团队协作效率，推动企业持续发展。

第三章　数字时代环境艺术设计的原则与方法

第一节　设计原则：功能性、美观性、可持续性

一、功能性原则的具体要求与实施策略

在现代社会的各个领域，功能性原则的应用越发广泛，特别是在产品设计、系统构建、服务提供等方面。功能性原则强调以满足用户需求为核心，追求产品或服务的实用性和有效性。

（一）功能性原则的具体要求

功能性原则的首要要求是明确用户需求。产品或服务的设计和开发应始终围绕用户需求展开，通过深入了解用户的实际需求和使用场景，确保产品或服务能够满足用户的期望。这要求项目团队在前期进行充分的市场调研和用户访谈，以获取准确的需求信息。功能性原则强调产品或服务的实用性。产品或服务应具备实际的使用价值，能够解决用户面临的实际问题。在设计和开发过程中，应注重产品或服务的核心功能，避免过度追求华而不实的功能或设计。同时，应注重产品或服务的易用性，确保用户能够轻松上手并高效使用。

功能性原则要求产品或服务具有高度的可靠性。产品或服务在正常使用情况下应保持稳定运行，避免出现故障或问题。在设计和开发过程中，应注重产品或服务的稳定性和安全性，采用成熟的技术和可靠的硬件设备，确保产品或服务的稳定运行。功能性原则追求产品或服务的高效性。产品或服务应能够在最短的时间内完成用户所需的任务，提高用户的工作效率。在设计和开发过程中，应注重产品或服务的性能优化和算法改进，提高处理速度和响应速度，确保用户能够快

速获得所需的结果。

功能性原则要求产品或服务具有良好的兼容性。产品或服务应能够适应不同的使用环境和用户需求，与其他系统或设备保持良好的兼容性。在设计和开发过程中，应注重产品或服务的跨平台性和可扩展性，确保用户能够在不同的设备和操作系统上顺畅地使用产品或服务。

（二）功能性原则的实施策略

为了实施功能性原则，项目团队应深入了解用户需求。这要求团队在项目启动阶段进行充分的市场调研和用户访谈，收集和分析用户需求和反馈。同时，团队应建立有效的沟通机制，与用户保持紧密的联系，确保产品或服务能够始终满足用户的需求。为了确保产品或服务的功能满足用户需求，项目团队应编制详细的功能需求规格说明书。该说明书应明确描述产品或服务的核心功能、性能指标、使用场景等方面的要求，为开发团队提供明确的开发依据。同时，说明书应经过用户的确认和评审，确保需求的一致性和准确性。

为了提高产品或服务的可靠性和稳定性，项目团队应采用成熟的技术和可靠的硬件设备。在选型过程中，应注重技术的稳定性和安全性，避免采用过于新颖或未经充分验证的技术。同时，应注重硬件设备的品质和性能，确保产品或服务在长时间使用过程中能够保持稳定运行。为了提高产品或服务的高效性，项目团队应注重性能和算法优化。在开发过程中，应关注产品或服务的处理速度和响应速度，采用高效的算法和数据结构，提高程序的执行效率。同时，应注重内存和资源的优化，降低程序的内存占用和 CPU 使用率，确保产品或服务能够在不同配置的设备上顺畅运行。

为了提高产品或服务的兼容性和可扩展性，项目团队应加强跨平台性和可扩展性的设计。在设计和开发过程中，应注重产品或服务的跨平台性，确保用户能够在不同的设备和操作系统上顺畅地使用产品或服务。同时，应注重产品或服务的可扩展性，采用模块化和组件化的设计方式，方便后续的维护和升级。在实施功能性原则的过程中，项目团队应持续收集用户的反馈和意见。通过定期的用户调研和满意度调查，了解用户对产品或服务的满意度和存在的问题。根据用户反馈和意见，团队应及时进行产品优化和改进，提高产品或服务的实用性和用户体验。

为了确保产品或服务的功能性和稳定性，项目团队应建立完善的测试体系。在开发过程中，应注重单元测试、集成测试和系统测试等环节的测试工作，确保产品或服务的各项功能都能够正常运行。同时，应注重性能测试和压力测试等方面的测试工作，确保产品或服务在高负载情况下能够保持稳定运行。

二、美观性原则在环境艺术设计中的体现

环境艺术设计作为现代设计领域的重要分支，不仅关注空间的实用性，更强调空间的美感与和谐。美观性原则在环境艺术设计中扮演着至关重要的角色，它要求设计师在创作过程中充分考虑人的审美需求，追求空间与环境的和谐统一。

（一）环境艺术设计的概念与特点

环境艺术设计是一门综合性极强的设计艺术，它涵盖了建筑、景观、室内、公共艺术等多个领域。其特点在于以人为中心，关注空间与环境的和谐共生，追求审美与实用的完美结合。环境艺术设计不仅要满足人们的基本生活需求，还要通过艺术化的手法提升空间的美感和舒适度，为人们创造更加美好的生活环境。

（二）美观性原则在环境艺术设计中的体现

形态美是环境艺术设计中最为直观的美感体现。设计师通过运用点、线、面等基本元素，以及色彩、材质、光影等手法，创造出具有美感的形态和空间。例如，在建筑设计中，设计师会运用优美的曲线和比例，以及独特的材质和色彩搭配，塑造具有视觉冲击力的建筑形态；在景观设计中，设计师会注重植物与地形的和谐搭配，以及水景、雕塑等元素的点缀，营造出自然、和谐、美丽的景观环境。色彩是环境艺术设计中不可或缺的元素之一。设计师通过精心搭配色彩，可以营造出不同的氛围和情绪。在环境艺术设计中，色彩美主要体现在色彩的和谐、对比和变化上。设计师会根据空间的功能和风格需求，选择合适的色彩搭配方案，以营造出舒适、宁静、活泼或庄重的氛围。同时，设计师还会注重色彩的过渡和变化，使空间更具层次感和动态美。

材质是环境艺术设计中表现美感的重要载体。不同的材质具有不同的质感和纹理，能够给人带来不同的视觉和触觉感受。在环境艺术设计中，材质美主要体现在材质的质感、纹理和色彩上。设计师会选择合适的材质来表现空间的风格和

氛围，如使用石材、木材等自然材质来营造自然、质朴的氛围；使用金属、玻璃等现代材质来营造时尚、科技的氛围。同时，设计师还会注重材质之间的搭配和组合，使空间更具层次感和丰富性。功能美是环境艺术设计中不可忽视的方面。一个优秀的环境艺术设计作品不仅要具有美观的外观和舒适的氛围，还要具备合理的功能和实用性。设计师在创作过程中会充分考虑空间的功能需求和使用者的行为习惯，通过合理的布局和规划来提升空间的使用效率和舒适度。例如，在室内设计中，设计师会根据房间的功能和面积来选择合适的家具和灯具，以及合理的布局和流线设计；在景观设计中，设计师会考虑游客的游览路线和休息需求来设置景点和休息区。

意境美是环境艺术设计的最高境界。它要求设计师在创作中追求空间与环境的和谐统一，通过艺术化的手法营造出一种独特的氛围和情绪。在环境艺术设计中，意境美主要体现在空间的氛围营造和情感表达上。设计师会运用各种设计元素和手法来营造出一种特定的氛围和情绪，如宁静、浪漫、神秘等。同时，设计师还会注重空间与环境的融合和呼应，使空间成为自然和人文环境的有机组成部分。

（三）美观性原则在环境艺术设计中的价值与意义

美观性原则在环境艺术设计中具有重要的价值和意义。首先，它能够满足人们的审美需求和精神追求，提升人们的生活品质和幸福感；其次，它能够促进人与环境的和谐共生，增强人们的环保意识和责任感；最后，它还能够推动环境艺术设计领域的发展和创新，为设计师提供更多的创作灵感和思路。

三、可持续性原则的重要性与实践方法

随着全球人口的不断增长和经济的快速发展，人类活动对自然环境的影响日益显著。在这一背景下，可持续性原则作为一种新的发展理念，逐渐受到全球范围内的广泛关注和重视。可持续性原则强调在满足当前人类需求的同时，不损害未来世代满足其需求的能力，旨在实现经济、社会和环境的协调发展。

（一）可持续性原则的重要性

可持续性原则的核心在于保护自然环境，维护生态平衡。可持续性原则要求

人类活动必须尊重自然规律，合理利用自然资源，减少对环境的破坏，从而维护生态平衡，保障地球生态系统的健康稳定。可持续性原则不仅关注环境保护，还强调经济发展的可持续性。可持续性原则要求经济发展必须建立在环境保护的基础上，通过绿色、低碳、循环等方式推动经济发展，实现经济效益和环境效益的双赢。

可持续性原则旨在为人类创造一个更加美好的未来。通过实现经济、社会和环境的协调发展，可持续性原则能够提高人们的生活质量，满足人们对美好生活的追求。在可持续性原则的指导下，人们将更加注重环境保护和资源的合理利用，从而创造出一个更加宜居、宜业、宜游的生活环境。

（二）可持续性原则的实践方法

实现可持续性原则首先需要制定符合实际情况的可持续发展战略。各国应根据自身的国情和发展阶段，制定符合自身特点的可持续发展战略，明确发展目标、重点任务和保障措施。同时，各国还应加强政策协调和国际合作，共同推动全球可持续发展。绿色生产和消费模式是实现可持续性原则的重要途径。各国应大力推广绿色生产技术和生产方式，鼓励企业采用环保材料、节能设备和技术，减少污染物排放和资源浪费。同时，各国还应倡导绿色消费理念，引导消费者选择环保、节能、低碳的产品和服务，减少对环境的负面影响。

环境保护和资源管理是实现可持续性原则的基础。各国应加大环境监管和执法力度，严厉打击环境违法行为，保护生态环境和自然资源。同时，各国还应加强资源管理，合理利用和保护水资源、土地资源、矿产资源等自然资源，防止过度开发和浪费。科技创新和人才培养是实现可持续性原则的重要保障。各国应加大对科技创新的投入力度，推动绿色技术、清洁能源等领域的研发和应用。同时，各国还应加强人才培养和教育普及工作，提高公众的环保意识和科学素养，培养一支具备可持续发展理念和能力的专业人才队伍。

公众参与和社会监督是实现可持续性原则的重要保障。各国应加强对公众的宣传和教育工作，提高公众的环保意识和参与度。同时，各国还应建立健全的社会监督机制，鼓励公众参与环境监督和评估工作，及时发现和纠正环境问题，推动可持续性原则的落实。

第二节　设计方法与流程的优化

一、传统设计方法与流程的局限性

传统设计方法与流程作为设计领域长期积累下来的宝贵经验，曾在各个历史时期发挥了重要作用。然而，随着科技的飞速发展和社会需求的不断变化，传统设计方法与流程逐渐显露出其局限性。

（一）传统设计方法与流程概述

传统设计方法与流程主要包括以下几个步骤：需求分析、概念设计、详细设计、制作原型、测试评估及最终交付。在这个过程中，设计师通常依赖于个人的经验和直觉，结合市场调研和用户需求，进行反复的设计迭代和优化。传统设计方法强调设计的规范性和系统性，注重设计的逻辑性和合理性。

（二）传统设计方法与流程的局限性

传统设计方法与流程在很大程度上依赖于设计师的个人经验和直觉。这种依赖使得设计过程缺乏客观性和可预测性，设计师的个人能力和经验水平对设计结果产生直接影响。同时，过度依赖个人经验和直觉也容易导致设计创新性的不足，使得设计作品难以适应快速变化的市场需求。

传统设计方法与流程在需求分析和测试评估阶段往往忽视用户的参与和反馈。设计师通常通过市场调研和问卷调查等方式获取用户需求，但这种方式往往难以真实反映用户的实际需求和期望。同时，在测试评估阶段，设计师往往只关注产品的性能和功能，而忽视用户的使用体验和感受。这种忽视用户参与和反馈的设计方法容易导致设计作品与用户需求的脱节，降低产品的市场竞争力。传统设计方法与流程往往局限于某一特定领域或学科，缺乏跨学科整合能力。在现代社会中，设计问题往往涉及多个学科领域，需要不同专业背景的设计师共同参与和协作。然而，传统设计方法与流程往往只注重单一领域的知识和技能，缺乏与其他学科领域的融合和交流。这种缺乏跨学科整合能力的设计方法容易导致设计作品在功能和美学上的局限性，难以适应多元化的市场需求。

传统设计方法与流程在设计迭代和优化方面存在效率问题。由于设计过程依赖于个人经验和直觉，设计师往往需要进行多次反复的设计迭代和优化才能满足用户需求。这种低效的设计迭代和优化过程不仅增加了设计成本和时间成本，还可能导致设计作品的质量不稳定和难以控制。同时，由于设计过程中缺乏客观的评价标准和反馈机制，设计师往往难以准确判断设计作品的优劣。传统设计方法与流程在面对快速变化的市场需求时显得力不从心。在现代社会中，市场需求的变化速度越来越快，新产品和新技术的不断涌现使得市场竞争日益激烈。然而，传统设计方法与流程往往缺乏灵活性和适应性，难以快速响应市场变化。这种局限性使得设计作品难以在激烈的市场竞争中脱颖而出，甚至可能面临被淘汰的风险。

（三）克服传统设计方法与流程局限性的策略

为了克服传统设计方法与流程忽视用户参与和反馈的局限性，设计师应该加强用户参与和反馈的收集和分析。通过深入了解用户的实际需求和期望，设计师可以更加准确地把握市场趋势和用户需求，从而设计出更加符合市场需求的产品。为了提高传统设计方法与流程的跨学科整合能力，设计师应该加强与其他学科领域的交流和合作。通过跨学科整合，设计师可以获取更加全面和深入的知识和技能，从而设计出更加具有创新性和实用性的产品。

为了提高设计迭代和优化的效率，设计师应该优化设计迭代和优化流程。通过引入先进的设计工具和技术手段，设计师可以更加高效地进行设计迭代和优化，降低设计成本和时间成本，提高设计作品的质量和稳定性。为了应对快速变化的市场需求，设计师应该增强设计的灵活性和适应性。通过引入模块化设计、可重构设计等先进的设计理念和方法，设计师可以设计出更加灵活和可适应市场需求的产品，提高产品的市场竞争力。

二、数字化工具在设计方法与流程中的应用

（一）数字化工具的定义与分类

数字化工具是指利用计算机、网络、软件等技术手段，对设计过程进行数字

化处理和管理的工具。根据其功能和应用领域，数字化工具可以分为以下几类：

图形设计软件：如 Adobe Photoshop、Illustrator、Sketch 等，主要用于图形设计、图像处理、界面设计等方面。

三维建模软件：如 Autodesk 3ds Max、Maya、Blender 等，主要用于三维建模、动画设计、虚拟现实等领域。

交互设计软件：如 Axure RP、Figma、OmniGraffle 等，主要用于交互设计、原型制作、用户体验设计等方面。

数据可视化工具：如 Tableau、Power BI、ECharts 等，主要用于数据分析、数据可视化、信息图表制作等领域。

协同设计工具：如 Teambition、Slack、Asana 等，主要用于团队协作、项目管理、设计评审等方面。

（二）数字化工具在设计方法与流程中的应用

在需求分析阶段，设计师可以通过数字化工具进行市场调研、用户调研、竞品分析等工作。例如，利用在线问卷工具收集用户需求和意见，利用数据分析工具对市场调研数据进行深入挖掘和分析，从而更加准确地把握市场趋势和用户需求。在概念设计阶段，设计师可以利用图形设计软件、三维建模软件等工具进行快速的概念设计。这些工具提供了丰富的素材库和高效的编辑功能，使设计师能够快速地创建出多个设计方案，并通过可视化的方式展示给团队和客户。此外，设计师还可以利用协同设计工具进行团队内部的协作和沟通，确保设计方案的准确性和一致性。

在详细设计阶段，设计师需要利用数字化工具对设计方案进行深入的设计和优化。例如，利用图形设计软件对界面设计进行细节处理，利用三维建模软件对产品结构进行精确建模，利用交互设计软件制作高保真原型等。这些工具不仅提高了设计效率，还使得设计成果更加精确和易于理解。在测试评估阶段，设计师可以利用数字化工具对设计成果进行全面的测试和评估。例如，利用用户测试工具收集用户反馈和意见，利用数据分析工具对测试结果进行深入分析，从而找出设计中存在的问题和不足，并进行针对性的改进和优化。

在交付与维护阶段，设计师可以利用数字化工具进行设计成果的交付和维护。例如，利用版本控制工具对项目文件进行管理和备份，利用在线协作平台与客户进行沟通和协作，确保设计成果的顺利交付和后期维护。

（三）数字化工具在设计方法与流程中的优势

提高设计效率：数字化工具提供了高效的设计工具和功能，使设计师能够快速完成设计任务，提高设计效率。

提高设计质量：数字化工具具有精确性和可重复性的特点，能够减少设计过程中的错误和疏漏，提高设计质量。

增强设计创新性：数字化工具提供了丰富的素材库和强大的编辑功能，使设计师能够创作出更加具有创新性和吸引力的设计作品。

便于团队协作和沟通：数字化工具支持在线协作和实时沟通，使团队成员能够随时随地进行交流和协作，提高团队协作效率。

（四）数字化工具在设计方法与流程中的未来发展趋势

人工智能与大数据技术的应用：随着人工智能和大数据技术的不断发展，数字化工具将更加强调智能化和数据分析能力，为设计师提供更加智能化的设计辅助和决策支持。

虚拟现实与增强现实技术的应用：虚拟现实和增强现实技术将为设计师提供更加真实和沉浸式的设计体验，使设计师能够更加直观地展示和测试设计成果。

跨平台与跨设备协作：随着移动设备和云计算技术的普及，数字化工具将更加注重跨平台和跨设备的协作能力，使设计师能够随时随地进行设计和协作。

绿色环保与可持续发展：随着环保意识的提高和可持续发展的要求，数字化工具将更加注重环保和可持续发展理念的应用，为设计师提供更加环保和可持续的设计方法和流程。

三、优化后的设计方法与流程带来的效率提升

（一）设计方法与流程的优化

数字化工具的引入是设计方法与流程优化的重要手段之一。这些工具能够帮助设计师快速完成设计任务，提高设计效率。例如，图形设计软件能够帮助设计师快速创建和编辑设计作品；三维建模软件能够帮助设计师进行精确的三维建模

和渲染；交互设计软件则能够帮助设计师制作高保真原型，提高用户体验。此外，协同设计工具的应用也使团队协作更加高效便捷。传统的设计方法与流程往往忽视用户参与和反馈的重要性。然而，优化后的设计方法与流程则强调用户参与和反馈的重要性。设计师通过市场调研、用户访谈、问卷调查等方式收集用户需求和意见，并将其融入设计过程中。同时，设计师还会在设计过程中不断向用户展示设计成果，收集用户反馈并进行改进。这种强调用户参与和反馈的设计方法与流程能够更好地满足用户需求，提高设计作品的满意度和实用性。

敏捷设计思维是一种强调快速迭代、持续优化的设计思维。优化后的设计方法与流程引入了敏捷设计思维，使设计过程更加灵活和高效。设计师不再过分拘泥于预设的设计框架，而是根据用户反馈和市场变化不断调整和优化设计方案。这种灵活性和适应性使得设计作品能够更好地适应市场需求和用户需求的变化。团队协作和沟通是设计过程中不可或缺的一部分。优化后的设计方法与流程通过引入协同设计工具、建立有效的沟通机制等方式强化团队协作和沟通。设计师之间可以实时共享设计成果、交流设计想法和意见，从而提高设计效率和质量。同时，有效的沟通机制还能够避免设计过程中的误解和冲突，确保设计项目的顺利进行。

（二）效率提升的具体表现

优化后的设计方法与流程通过引入数字化工具、强调用户参与和反馈、引入敏捷设计思维以及强化团队协作和沟通等手段，使得设计周期大大缩短。设计师能够更快速地完成设计任务，提高设计效率。这对快速变化的市场需求来说具有重要意义。优化后的设计方法与流程不仅提高了设计效率，还提高了设计质量。通过引入数字化工具，设计师能够制作出更加精确和高质量的设计作品。同时，强调用户参与和反馈的设计方法与流程能够更好地满足用户需求，提高设计作品的满意度和实用性。此外，引入敏捷设计思维使得设计作品能够更好地适应市场需求和用户需求的变化，从而提高设计作品的市场竞争力。

优化后的设计方法与流程通过引入协同设计工具、建立有效的沟通机制等方式强化了团队协作和沟通。这使团队成员之间能够实时共享设计成果、交流设计想法和意见，从而提高团队协作效率。同时，有效的沟通机制还能够避免设计过程中的误解和冲突，确保设计项目的顺利进行。

（三）对设计师和设计团队的影响

优化后的设计方法与流程要求设计师具备更高的综合素质。设计师不仅需要掌握各种数字化工具的使用技巧，还需要具备用户研究、数据分析、团队协作等多方面的能力。这种综合素质的提升使得设计师能够更好地应对复杂多变的设计任务和市场环境。优化后的设计方法与流程通过强化团队协作和沟通增强了设计团队的凝聚力。团队成员之间能够实时共享设计成果、交流设计想法和意见，形成紧密的工作关系。这种凝聚力不仅能够提高设计效率和质量，还能够促进团队成员之间的学习和成长。

优化后的设计方法与流程为设计领域的发展提供了更广阔的空间。通过引入数字化工具、强调用户参与和反馈、引入敏捷设计思维等手段，设计师能够创作出更加具有创新性和实用性的设计作品。这些作品不仅能够满足市场需求和用户需求的变化，还能够推动设计领域的不断发展和进步。

第三节　用户中心设计理念的实施

一、用户中心设计理念的内涵与重要性

在快速发展的设计领域，用户中心设计理念已经成为设计过程中不可或缺的一部分。这种设计理念强调在设计、开发和使用产品或服务的过程中，始终将用户的需求和体验放在首位。

（一）用户中心设计理念的内涵

用户中心设计理念，也称为用户导向设计（User-Centered Design, UCD），是一种设计思维方法。它要求设计师在产品或服务的设计过程中，始终关注用户的需求、行为和体验。具体来说，用户中心设计理念的内涵包括以下几个方面：

以用户为中心：用户中心设计理念的核心是以用户为中心，将用户的需求和体验作为设计的出发点和落脚点。设计师需要深入了解用户的使用场景、需求、习惯和期望，从而确保设计出的产品或服务能够满足用户的实际需求。

强调用户参与：用户中心设计理念强调用户在设计过程中的参与。设计师需要与用户进行充分的沟通和交流，收集用户的反馈和建议，以便及时调整和优化设计方案。这种用户参与的方式有助于确保设计出的产品或服务更加符合用户的期望和需求。

关注用户体验：用户中心设计理念关注用户体验的各个方面，包括产品的易用性、美观性、交互性、情感化等。设计师需要综合考虑这些因素，为用户提供更加舒适、便捷和愉悦的使用体验。

（二）用户中心设计理念的重要性

用户中心设计理念的重要性主要体现在以下几个方面：

提高用户体验：通过深入了解用户的需求和习惯，设计师可以创造出更加符合用户期望的产品或服务。这将大大提高用户的满意度和忠诚度，从而为企业赢得更多的市场份额和竞争优势。相关研究表明，提高用户体验可以带来更高的用户满意度和忠诚度，进而促进企业的长期发展。

增加商业价值：以用户为中心的设计可以创造出更具吸引力和竞争力的产品或服务。这将吸引更多的用户，提高产品的市场价值和市场份额。同时，用户中心设计理念还有助于降低设计成本和提高设计效率，为企业创造更多的商业价值。

增强品牌形象：通过持续关注和满足用户的需求，企业可以建立起积极的品牌形象。这将有助于提高企业的知名度和声誉，增强用户对品牌的信任度和忠诚度。这种品牌形象的提升将有助于企业在激烈的市场竞争中脱颖而出。

（三）用户中心设计理念在实际设计中的应用

在实际设计过程中，用户中心设计理念的应用主要体现在以下几个方面：

用户研究：通过市场调研、用户访谈、问卷调查等方式收集用户需求和信息。这些信息将成为设计师了解用户需求和习惯的重要依据，为设计提供有力的支持。

原型设计：在设计初期，设计师需要制作出多个原型方案供用户测试和评估。通过用户的反馈和建议，设计师可以不断调整和优化设计方案，确保最终设计出的产品或服务能够满足用户的实际需求。

用户体验设计：在产品设计过程中，设计师需要综合考虑用户体验的各个方面，包括产品的易用性、美观性、交互性、情感化等。通过不断优化和改进设计细节，为用户提供更加舒适、便捷和愉悦的使用体验。

反馈机制：在产品上线后，企业需要建立有效的反馈机制来收集用户反馈和建议。这些反馈将成为设计师改进和优化产品的重要依据，有助于不断提升产品的用户体验和商业价值。

二、如何在设计中贯彻用户中心理念

在当今的设计领域，用户中心理念已成为指导设计的核心原则之一。它强调在设计过程中始终将用户的需求、体验和期望置于首位，通过深入了解用户来创造出更符合用户期望的产品或服务。然而，要在设计中真正贯彻用户中心理念并非易事，需要设计师具备深厚的用户研究能力、敏锐的观察力和不断创新的思维。

（一）深入理解用户中心理念

在贯彻用户中心理念之前，设计师首先需要深入理解其内涵。用户中心理念不仅仅是在设计过程中考虑用户的需求，更是要将用户置于设计的核心地位，以用户的需求和体验为设计的出发点和落脚点。这意味着设计师需要摒弃过去以自我为中心的设计思维，转而关注用户的真实需求和期望，以用户的需求为导向进行设计。

（二）进行深入的用户研究

用户研究是贯彻用户中心理念的基础。设计师需要通过市场调研、用户访谈、问卷调查等多种方式收集用户信息，了解用户的使用场景、需求、习惯和期望。同时，设计师还需要对收集到的用户信息进行深入分析和挖掘，找出用户的痛点和需求点，为设计提供有力的支持。

在进行用户研究时，设计师需要注意以下几点：

保持客观和开放的心态，尊重用户的真实需求和意见；

选择合适的用户研究方法，确保收集到的用户信息准确、全面；

对用户信息进行深入分析和挖掘，找出用户的痛点和需求点；

将用户研究结果与设计目标相结合，确保设计能够真正满足用户的需求。

（三）在设计流程中贯彻用户中心理念

在设计流程中贯彻用户中心理念是确保设计符合用户需求的关键。设计师需要在设计流程的各个环节充分考虑用户的需求和体验，确保设计能够真正满足用户的期望。

在需求分析阶段，设计师需要与用户充分沟通，了解用户的需求和期望，并将其转化为具体的设计要求。

在概念设计阶段，设计师需要基于用户研究结果，设计出符合用户需求的概念方案，并通过用户测试验证其可行性。

在详细设计阶段，设计师需要在满足用户需求的基础上，关注设计的细节和品质，确保设计既符合用户需求又具有吸引力。

在原型制作和测试阶段，设计师需要制作出可供用户测试的原型，并通过用户测试收集反馈和建议，不断优化设计方案。

在最终设计阶段，设计师需要综合考虑用户的反馈和建议，对设计方案进行最终调整和优化，确保设计能够真正满足用户的需求和期望。

（四）关注用户体验

用户体验是用户中心理念的核心内容之一。设计师需要关注用户使用产品或服务时的感受和体验，通过不断优化设计来提高用户的满意度和忠诚度。

为了关注用户体验，设计师可以采取以下措施：

在设计过程中始终关注用户的感受和需求，确保设计符合用户的期望；

在原型制作和测试阶段，邀请用户参与测试并收集他们的反馈和建议；

不断优化设计的细节和品质，提高用户的舒适度和愉悦感；

建立用户反馈机制，及时收集和处理用户的反馈和建议，不断优化产品和服务。

（五）持续优化设计

贯彻用户中心理念并不意味着设计一旦完成就永远不变。相反，设计师需要持续关注用户反馈和市场变化，不断优化设计以适应新的需求和挑战。

为了持续优化设计，设计师可以采取以下措施：

建立用户反馈机制，及时收集和处理用户的反馈和建议；

关注市场变化和用户需求的变化，及时调整和优化设计方案；

不断学习和掌握新的设计技术和方法，提高设计水平和创新能力；

与其他设计师和行业专家进行交流和合作，分享经验和成果，共同推动设计的进步和发展。

（六）培养用户中心设计理念的文化氛围

除了个人设计师的努力外，企业也需要营造一种以用户为中心的文化氛围。这种氛围可以通过以下几种方式来培养：

强调用户的重要性：在企业内部强调用户的重要性，让每个员工都明白用户是企业生存和发展的基石。

提供培训和支持：为设计师提供关于用户研究的培训和支持，帮助他们更好地理解和应用用户中心理念。

鼓励创新和尝试：鼓励设计师勇于创新，敢于尝试新的设计方法和理念，以更好地满足用户的需求。

设立用户反馈渠道：在企业内部设立用户反馈渠道，方便用户提出意见和建议，促进企业与用户之间的沟通和交流。

三、用户研究在设计过程中的作用

在当今日益激烈的市场竞争中，设计不仅仅是关于美学和功能的结合，更是关于如何深入理解并满足用户需求的过程。用户研究作为设计过程中的重要环节，其作用日益凸显。

（一）用户研究的基本概念

用户研究，简而言之，是对用户进行深入、系统的了解和研究的过程。它涵盖了用户的心理、行为、需求、期望等多个方面，旨在帮助设计师更加精准地把握用户的核心诉求，从而设计出更符合用户期待的产品或服务。用户研究的方法多样，包括问卷调查、访谈、观察、数据分析等，这些方法的有效运用，能够获取真实、全面、深入的用户信息。

（二）用户研究在设计过程中的作用

用户研究是设计过程的起点，它能够帮助设计师明确设计方向和目标。通过深入了解用户的需求和期望，设计师可以准确把握产品的定位和功能需求，从而制订出符合用户期待的设计方案。在这个过程中，用户研究为设计师提供了有力的数据支持，使得设计更具有针对性和实效性。

用户研究能够揭示用户的心理和行为特点，这对于设计具有至关重要的意义。通过深入研究用户的心理需求和行为习惯，设计师可以更加精准地把握用户的喜好和偏好，从而在设计中体现出对用户的尊重和关怀。同时，对用户心理和行为的研究还有助于设计师发现潜在的用户需求和问题，为产品的改进和创新提供有力支持。

用户体验是设计过程中需要重点关注的一个方面。用户研究能够帮助设计师深入了解用户在使用产品或服务时的体验和感受，从而发现其中存在的问题和不足。基于用户研究的结果，设计师可以对产品的交互设计和界面设计进行优化和改进，使得产品更易于使用、更符合用户的操作习惯和心理预期。这种基于用户研究的优化和改进能够显著提升用户体验的满意度和忠诚度。在设计过程中，设计师会提出多种设计方案。然而，哪种方案更符合用户需求、更易于用户接受和喜爱，需要通过用户研究来验证。通过原型测试、用户体验测试等方法，设计师可以获取用户对设计方案的反馈和建议，从而评估设计方案的可行性和有效性。这种基于用户反馈的迭代优化过程能够确保设计方案更加符合用户期望和需求，提高设计的成功率。

用户研究还能够提高设计效率和质量。通过深入了解用户需求和问题，设计师可以更加精准地定位设计问题和挑战，从而避免在设计过程中出现不必要的重复和浪费。同时，用户研究还能够为设计师提供丰富的数据支持，使得设计决策更加科学、合理和有效。这种基于数据的设计决策能够显著提高设计的效率和质量，降低设计成本和风险。用户研究还有助于促进设计的创新和迭代。通过深入研究用户的需求和趋势变化，设计师可以发现新的设计机会和潜在的市场空间，从而提出具有创新性的设计方案。同时，用户研究还能够为设计的迭代优化提供有力支持。通过不断收集和分析用户反馈和建议，设计师可以发现设计中存在的问题和不足，并及时进行改进和优化。这种基于用户反馈的迭代优化过程能够推动设计的不断发展和进步。

四、用户反馈与设计的持续改进

（一）用户反馈的重要性

用户反馈直接反映了用户对产品的真实需求和期望。通过收集和分析用户反馈，设计师能够了解用户对产品的哪些方面感到满意、哪些方面存在不足，从而更准确地把握用户的核心需求。这对设计师来说至关重要，因为只有满足用户真实需求的产品才能在市场上获得成功。用户反馈是发现产品潜在问题的有效途径。在用户使用产品的过程中，可能会遇到一些设计师在设计初期没有预料到的问题。这些问题可能涉及产品的功能、性能、易用性等方面。通过收集用户反馈，设计师能够及时发现这些问题，并采取相应的措施进行改进。

用户反馈还能为设计创新提供灵感。用户的建议和意见往往包含了对产品的期望和想象，这些期望和想象可能超出了设计师的初始设想。通过收集和分析用户反馈，设计师可以发现新的设计机会和潜在的市场空间，从而推动设计的创新和发展。

（二）如何有效地收集和分析用户反馈

为了获取全面的用户反馈，设计师应采用多样化的收集渠道。这包括在线调查、用户访谈、社交媒体监测、用户评论等。每种渠道都有其独特的优势，能够覆盖不同类型的用户群体和反馈内容。通过综合运用这些渠道，设计师可以获取到更加全面、真实的用户反馈。在收集用户反馈时，设计师应设计具有针对性的问题。这些问题应能够引导用户表达对产品的满意度、需求、建议等方面的看法。同时，问题的设计应简洁明了，避免过于复杂或模糊的问题导致用户难以回答。

收集到用户反馈后，设计师需要进行深入的数据分析。这包括对用户反馈的整理、分类、统计和解读。通过数据分析，设计师可以发现用户反馈中的共性和趋势，从而更准确地把握用户需求和问题。同时，数据分析还能帮助设计师识别出不同用户群体的需求和偏好差异，为设计提供更加精细化的指导。

（三）用户反馈与设计的持续改进

在用户反馈的收集和分析过程中，设计师应及时反馈和响应。当用户提出问题和建议时，设计师应尽快给出回应和解决方案。这种及时的反馈和响应能够增强用户的信任感和满意度，同时也能促进设计师与用户之间的有效沟通。基于用户反馈的数据分析结果，设计师可以对产品设计进行迭代优化。这包括对产品功能、性能、易用性等方面的改进和提升。在迭代优化的过程中，设计师应充分考虑用户反馈中的共性和趋势，以及不同用户群体的需求和偏好差异。通过不断的迭代优化，设计师可以逐步提升产品的质量和用户体验。在产品设计进行迭代优化后，设计师需要对改进效果进行跟踪评估。这包括收集用户对新版本产品的反馈和建议，以及对比新旧版本产品在用户满意度、功能实现等方面的差异。通过跟踪评估，设计师可以了解改进措施是否有效，以及是否还需要进行进一步的优化和改进。

第四节　数据驱动的设计决策

一、数据在环境艺术设计中的重要性

在环境艺术设计领域，数据的运用已经日益成为不可或缺的一部分。数据不仅能够为设计师提供丰富的设计参考，还能帮助他们更准确地把握设计趋势和用户需求，从而创作出更符合人们期望和需求的环境艺术作品。

（一）数据在环境艺术设计决策中的作用

在环境艺术设计的初期阶段，设计师需要明确设计目标。数据在这里起到了关键作用。通过对市场趋势、用户需求、环境特征等数据的收集和分析，设计师能够更准确地把握设计的核心要素和关键点，从而制定出符合实际的设计目标。

设计方案的形成是环境艺术设计过程中的重要环节。数据在这里同样发挥着重要作用。设计师可以通过对设计方案的数据分析，了解设计方案的优劣之处，从而进行优化和改进。例如，设计师可以利用空间布局数据来优化空间的利用率和舒适性；利用色彩搭配数据来提升空间的视觉效果和氛围营造。

（二）数据在环境艺术设计优化中的作用

在环境艺术设计的实施过程中，数据的精准测量与定位是确保设计质量的关键。设计师需要利用测量数据来确保设计的准确性，如空间尺寸、材料用量等。同时，设计师还需要利用定位数据来确保设计的合理性和实用性，如空间布局、家具摆放等。在环境艺术设计的实施过程中，实时监控与调整是确保设计效果的重要手段。设计师可以通过收集和分析实时数据，了解设计过程中的问题和偏差，并及时进行调整和改进。这种基于数据的实时监控与调整能够确保设计的顺利进行和最终效果的实现。

（三）数据在环境艺术设计创新中的作用

数据的运用能够帮助设计师洞察设计趋势。通过对市场趋势、用户行为等数据的分析，设计师能够了解最新的设计理念和潮流趋势，从而在设计过程中融入创新元素和特色。这种基于数据的设计创新能够提升设计的竞争力和吸引力。数据的运用还能够激发设计师的灵感。设计师可以通过对大量数据的分析和挖掘，发现数据背后的规律和特点，并从中获取设计灵感。这种基于数据的设计灵感不仅能够为设计带来独特的风格和特色，还能够提升设计的实用性和功能性。

（四）数据在环境艺术设计可持续性中的作用

在环境艺术设计中，可持续性是一个重要的考量因素。数据的运用能够帮助设计师评估设计对环境的影响。通过对资源消耗、能源消耗、废弃物产生等数据的分析，设计师能够了解设计对环境的影响程度，并采取相应的措施来降低环境影响。数据的运用还能够优化资源的利用。设计师可以通过对材料使用、能源消耗等数据的分析，了解资源的使用情况和效率，并采取相应的措施来优化资源的利用。这种基于数据的资源优化不仅能够降低设计成本，还能够提升设计的环保性和可持续性。

二、如何收集和分析设计相关数据

（一）设计数据的收集

1.明确数据收集目标

在开始数据收集之前，设计师首先需要明确数据收集的目标。这包括确定需要了解的具体设计问题、想要达成的设计目标以及数据如何支持设计决策等。只有明确了目标，设计师才能有针对性地收集数据，避免收集到无用的信息。

2. 选择合适的数据收集方法

根据设计问题的性质和数据收集的目标，设计师需要选择合适的数据收集方法。常用的设计数据收集方法有以下几种：

（1）用户访谈：通过与用户进行面对面的交流，了解他们的需求、痛点和期望。用户访谈可以帮助设计师获取一手的用户信息，但需要耗费较多的时间和资源。

（2）问卷调查：通过设计问卷并发送给目标用户群体，收集他们对设计方案的看法和反馈。问卷调查具有效率高、成本低的特点，但可能无法获取深入的用户信息。

（3）用户行为数据：通过记录和分析用户在使用产品或服务时的行为数据，了解他们的使用习惯、偏好和痛点。用户行为数据具有客观性和真实性的特点，但需要借助技术手段进行收集和分析。

（4）设计度量指标：在设计过程中设置度量指标，如页面访问量、跳出率、转化率等，以量化评估设计方案的效果。设计度量指标可以帮助设计师快速了解设计方案的性能表现。

3. 确保数据质量

在收集数据时，设计师需要注意确保数据的质量。这包括确保数据的准确性、完整性和可靠性。为了避免数据偏差和错误，设计师需要采取多种方法验证数据的真实性，如交叉验证、重复测试等。

（二）设计数据的分析

1. 数据清洗和预处理

在进行分析之前，设计师需要对收集到的数据进行清洗和预处理。这包括去除重复数据、处理缺失值、转换数据类型等。数据清洗和预处理是确保分析结果准确性的重要步骤。

2. 选择合适的分析方法

根据数据类型和分析目标，设计师需要选择合适的分析方法。常用的设计数据分析方法有以下几种：

（1）描述性统计分析：通过计算平均值、中位数、众数、标准差等指标，描述数据的分布情况和特征。描述性统计分析可以帮助设计师快速了解数据的整体情况。

（2）关联分析：通过研究不同数据项之间的关联关系，发现它们之间的潜在联系和规律。关联分析可以帮助设计师理解用户行为背后的原因和动机。

（3）聚类分析：根据数据的相似性将数据分成不同的组或类别。聚类分析可以帮助设计师发现用户群体之间的共同特征和差异点。

（4）可视化分析：通过图表、图像等可视化手段展示数据，帮助设计师更直观地理解数据之间的关系和趋势。可视化分析可以提高数据分析的效率和准确性。

3.解读分析结果并应用于设计

在得到分析结果后，设计师需要解读这些结果并应用于设计中。这包括根据分析结果调整设计方案、优化用户体验、改进产品功能等。设计师需要将分析结果与设计目标相结合，以数据驱动的方式推动设计的持续改进和创新。

三、数据驱动的设计决策流程

（一）数据驱动的设计决策流程概述

数据驱动的设计决策流程是一个循环迭代的过程，包括以下几个主要环节：

数据收集：根据设计目标和需求，收集相关的用户数据、市场数据、产品数据等。

数据分析：对收集到的数据进行处理、清洗、分析和挖掘，提取有价值的信息和洞察。

设计决策制定：基于数据分析的结果，制定具体的设计决策，包括设计方向、设计元素、设计细节等。

决策效果评估：通过设计实践和用户反馈等方式，评估设计决策的效果，并根据评估结果进行迭代优化。

（二）数据收集

数据收集是数据驱动的设计决策流程的第一步，也是至关重要的一步。设计师需要明确设计目标和需求，根据目标和需求确定需要收集的数据类型和数据源。常见的数据类型包括用户数据、市场数据、产品数据等。

用户数据：用户数据是设计决策的重要依据之一。设计师可以通过用户访谈、问卷调查、用户行为跟踪等方式收集用户数据，了解用户的需求、痛点、偏好等信息。用户数据可以帮助设计师更好地理解用户，从而制定更符合用户需求的设计决策。

市场数据：市场数据是了解行业趋势和竞争对手情况的重要途径。设计师可以通过市场研究报告、行业分析报告、竞争对手分析报告等方式收集市场数据，了解市场的规模、增长趋势、竞争格局等信息。市场数据可以帮助设计师把握行业趋势，制定更具竞争力的设计决策。

产品数据：产品数据是了解产品性能和使用情况的重要来源。设计师可以通过产品使用数据、用户反馈数据、产品测试数据等方式收集产品数据，了解产品的优点、缺点、用户反馈等信息。产品数据可以帮助设计师发现产品存在的问题和改进空间，从而制定更具针对性的设计决策。

（三）数据分析

数据分析是数据驱动的设计决策流程的核心环节。设计师需要对收集到的数据进行处理、清洗、分析和挖掘，提取有价值的信息和洞察。数据分析的过程可以分为以下几个步骤：

数据预处理：对收集的数据进行清洗和整理，去除重复数据、无效数据和错误数据，确保数据的准确性和可靠性。

数据探索：对数据进行初步的探索性分析，了解数据的分布、相关性、异常值等信息，为后续的数据分析奠定基础。

数据分析：根据设计目标和需求，选择合适的分析方法对数据进行深入分析，提取有价值的信息和洞察。常见的分析方法包括描述性统计分析、关联分析、聚类分析、可视化分析等。

数据解释：对数据分析的结果进行解释和解读，将数据转化为设计师可以理解的语言和概念，为设计决策提供支持。

（四）设计决策制定

基于数据分析的结果，设计师可以制定具体的设计决策。设计决策应该紧密围绕设计目标和需求，同时考虑到用户、市场和产品等多个方面的因素。设计决策的制定过程应该遵循以下原则：

客观性：设计决策应该基于客观的数据分析结果，避免主观臆断和偏见。

可行性：设计决策应该考虑到实际的技术和资源限制，确保设计方案的可行性。

创新性：设计决策应该具有一定的创新性，能够突破传统的设计模式和思路。

用户体验优先：设计决策应该始终以用户体验为核心，确保设计方案能够满足用户的需求和期望。

（五）决策效果评估

设计决策制定后，需要通过设计实践和用户反馈等方式对决策效果进行评估。评估的目的是了解设计决策是否达到了预期的效果，以及是否需要进行迭代优化。评估的过程可以分为以下几个步骤：

设计实践：将设计决策转化为具体的设计方案，并进行设计实践。设计实践应该尽可能接近真实的使用场景，以确保评估结果的准确性。

用户反馈收集：通过用户测试、用户访谈等方式收集用户反馈，了解用户对设计方案的满意度、使用体验等信息。用户反馈是评估设计决策效果的重要依据。

数据分析与评估：对收集到的用户反馈数据进行分析，评估设计决策的效果。如果设计决策达到了预期的效果，则可以继续沿用；如果设计决策存在问题或需要改进，则需要进行迭代优化。

第五节　跨领域合作与创新思维

一、跨领域合作的意义与价值

（一）跨领域合作的定义与内涵

顾名思义，跨领域合作是指不同领域之间的合作与交流。这里的"领域"可以是行业、学科、技术、文化等多个方面。跨领域合作强调打破传统界限，实现不同领域之间的资源共享、优势互补和协同创新。通过跨领域合作，不同领域的专家、企业和机构可以共同解决复杂问题，推动社会进步和经济发展。

（二）跨领域合作的意义

跨领域合作能够汇聚不同领域的智慧与资源，激发创新思维，推动创新成果的涌现。在合作过程中，不同领域的专家可以相互学习、交流思想，碰撞出新的创意和想法。这种创新不仅体现在技术和产品上，还包括管理、文化、艺术等多个方面。通过跨领域合作，可以打破传统行业的惯性思维，推动行业创新和发展。跨领域合作能够实现资源共享，提高资源利用效率。不同领域之间往往存在资源互补的情况，通过合作可以实现资源的优化配置和高效利用。例如，高校与企业的合作可以充分利用高校的科研资源和企业的市场资源，共同推动科研成果的转化和应用。此外，跨领域合作还可以促进技术转移和产业升级，推动经济发展和社会进步。

跨领域合作可以拓展市场空间，为企业和机构带来新的发展机遇。在合作过程中，不同领域的机构可以共同开发新产品、新市场和新应用，拓展业务领域和市场份额。通过跨领域合作，可以打破传统市场的壁垒，实现跨界营销和品牌推广，提高品牌知名度和市场竞争力。跨领域合作能够汇聚不同领域的专业知识和技能，共同解决复杂问题。在现代社会中，许多问题需要多个领域的专家共同合作才能解决。例如，环境保护、气候变化、公共卫生等全球性问题需要多个领域的专家共同研究、探讨和应对。通过跨领域合作，可以汇聚各方智慧和力量，共同推动问题的解决和社会的进步。

（三）跨领域合作的价值

跨领域合作对经济发展具有重要价值。通过合作可以实现资源共享和优势互补，推动产业升级和技术创新。合作过程中产生的创新成果可以转化为新产品、新服务和新应用，为企业带来经济效益和市场竞争力。此外，跨领域合作还可以促进国际贸易和投资合作，推动全球经济的繁荣和发展。跨领域合作对社会进步具有重要价值。通过合作可以推动社会问题的解决和公益事业的发展。例如，在环保领域开展跨领域合作可以推动环境保护和可持续发展；在教育领域开展跨领域合作可以提高教育质量和社会文明程度。此外，跨领域合作还可以促进文化交流和理解，增进不同民族和地区之间的友谊和合作。

跨领域合作对个人成长和发展具有重要价值。在合作过程中，个人可以接触到不同领域的知识和技能，拓展自己的视野和思维方式。通过与其他领域的专家交流和合作，个人可以不断学习和成长，提高自己的综合素质和竞争力。此外，跨领域合作还可以为个人提供更多的发展机会和平台，实现个人价值的最大化。

（四）跨领域合作的挑战与应对

虽然跨领域合作具有诸多意义和价值，但在实际合作过程中也面临着一些挑战。例如，不同领域之间的文化差异、技术壁垒、利益冲突等问题都可能影响合作的顺利进行。不同领域之间的文化差异和思维方式差异可能导致沟通和交流的困难。因此，在合作过程中需要加强沟通和交流，建立有效的沟通机制和平台。通过定期召开会议、组织研讨会等方式加强不同领域之间的交流和合作。

共同的目标和愿景是跨领域合作成功的重要保障。在合作过程中需要明确共同的目标和愿景，并确保各方都能够理解并认同这些目标和愿景。通过共同的目标和愿景将不同领域的机构和人员凝聚在一起形成合力推动合作的顺利进行。政策支持是跨领域合作成功的重要保障之一。政府可以通过制定相关政策来支持跨领域合作的发展，包括提供资金支持、税收优惠、人才引进等方面的支持。这些政策可以降低合作成本，提高合作效率，推动跨领域合作的顺利进行。

二、如何建立有效的跨领域合作机制

在快速变化的全球环境中，跨领域合作已成为推动创新、解决问题和应对挑战的关键策略。不同领域之间的合作能够集结多方资源和智慧，共同应对复杂问题，实现共赢发展。然而，跨领域合作也面临着诸多挑战，如文化差异、利益冲突、沟通障碍等。因此，建立有效的跨领域合作机制显得尤为重要。

（一）明确合作目标

明确合作目标是建立有效跨领域合作机制的首要步骤。合作双方应共同明确合作的愿景、目标及预期成果，确保双方对合作有共同的理解和期待。这有助于减少合作过程中的误解和冲突，提高合作的效率和效果。同时，明确的目标也有助于激发合作双方的积极性和创造力，推动合作的深入发展。

（二）建立信任基础

信任是跨领域合作成功的关键。合作双方应相互尊重、理解对方的利益和需求，建立相互信任的关系。这需要通过积极的沟通、交流和互动来实现。在合作初期，双方可以通过签署合作协议、明确责任和义务等方式，建立合作的基础框架和信任机制。在合作过程中，双方应遵守协议规定，履行各自的责任和义务，共同维护合作的稳定性和可靠性。

（三）优化沟通机制

沟通是跨领域合作中不可或缺的一环。优化沟通机制有助于提高合作双方的信息交流效率和效果，减少误解和冲突。为了建立有效的沟通机制，合作双方可以采取以下措施：

建立定期沟通机制：双方应定期召开会议、交流工作进展和问题，确保信息的及时传递和反馈。

利用现代信息技术：利用电子邮件、视频会议等现代信息技术手段，实现远程沟通和交流，提高沟通效率。

建立信息共享平台：建立信息共享平台，实现研发成果、市场信息等资源的及时共享和传递，促进双方的合作和交流。

（四）制定合作规则

制定合作规则是确保跨领域合作顺利进行的重要保障。合作规则应明确双方的权利和义务、合作的方式和流程、成果的分配和归属等事项，确保合作的规范性和可操作性。同时，合作规则也应具有灵活性和适应性，以应对合作过程中可能出现的变化和挑战。在制定合作规则时，双方应充分协商、达成共识，确保规则的公平性和合理性。

（五）培养合作文化

合作文化是跨领域合作成功的关键因素之一。合作文化包括共同的价值观、信念和行为准则等，能够激发合作双方的积极性和创造力，推动合作的深入发展。为了培养合作文化，合作双方可以采取以下措施：

加强团队建设：通过组织团队建设活动、培训等方式，加强双方团队的凝聚力和协作能力。

倡导开放包容：鼓励双方团队成员之间的交流和互动，尊重不同的观点和想法，营造开放包容的合作氛围。

强调共同利益：强调合作双方的共同利益和目标，激发团队成员的责任感和使命感，推动合作的深入发展。

（六）应对合作挑战

在跨领域合作过程中，可能会遇到各种挑战和困难。为了应对这些挑战，合作双方需要采取以下措施：

保持灵活性和适应性：合作双方应保持灵活性和适应性，能够应对合作过程中可能出现的变化和挑战。

加强风险管理：建立风险管理机制，对合作过程中可能出现的风险进行预测和评估，制定相应的应对措施。

寻求外部支持：在合作过程中，可以寻求政府、行业协会等外部组织的支持和帮助，共同应对挑战和困难。

三、创新思维在环境艺术设计中的应用

随着社会的进步和人们对生活质量要求的提高，环境艺术设计已经成为现代生活中不可或缺的一部分。环境艺术设计不仅仅是为了满足人们基本的居住和工作需求，更是追求美观、舒适和可持续性的重要体现。在这个过程中，创新思维的应用显得尤为重要。

（一）创新思维的概念与特点

创新思维是指突破传统思维模式和框架，以新颖、独特的方式解决问题或创造新事物的思维活动。它强调思维的灵活性、开放性和创造性，是推动社会进步和发展的重要动力。创新思维具有以下特点：

独特性：创新思维追求的是与众不同的想法和解决方案，强调个性化和独特性。

多元性：创新思维要求从多个角度、多个层面思考问题，打破思维定式和局限性。

实践性：创新思维需要付诸实践，通过实践验证想法的可行性和有效性。

可持续性：在环境艺术设计中，创新思维要考虑到资源的可持续利用和环境的保护。

（二）创新思维在环境艺术设计中的应用

在环境艺术设计中，传统的设计观念往往束缚了设计师的想象力和创造力。创新思维要求设计师突破传统设计观念的束缚，敢于尝试新的设计理念和手法。例如，在现代建筑设计中，越来越多的设计师开始注重建筑与环境的和谐共生，通过采用绿色建筑材料、节能技术等手段，实现建筑的可持续发展。环境艺术设计是一个涉及多个学科和领域的综合性设计活动。创新思维要求设计师在设计中融合多元化的设计元素，以创作出更加丰富多彩、独具特色的设计作品。例如，在室内设计中，设计师可以借鉴传统文化元素、现代科技元素及自然景观元素等，通过巧妙的组合和搭配，营造出既具有文化内涵又充满现代感的空间氛围。

创新思维强调跨界合作和资源整合的重要性。在环境艺术设计中，设计师可以通过与其他领域的专家进行合作，共同探索新的设计理念和手法。同时，设计师还需要善于整合各种资源，包括材料、技术、人力等，以实现设计的最优化和可持续发展。例如，在景观设计中，设计师可以与生态学家、园艺师等合作，共同打造既美观又生态的园林景观。创新思维要求环境艺术设计更加注重用户体验和参与性。设计师需要深入了解用户的需求和期望，通过设计创造出符合人们生活习惯和审美需求的空间环境。同时，设计师还需要注重用户的参与性，鼓励用户参与到设计过程中来，共同创造更加符合人们需求的空间环境。例如，在公共空间设计中，设计师可以设置一些互动性的设施和活动区域，让人们在享受美好环境的同时也能够进行交流和互动。

在环境艺术设计中，创新思维要特别强调可持续发展和环保理念的应用。设计师需要关注资源的可持续利用和环境的保护问题，通过采用绿色建筑材料、节能技术等手段降低能耗和减少污染。同时，设计师还需要注重生态平衡和生物多样性保护问题，在设计中融入生态元素和自然景观元素等，以实现人与自然的和谐共生。例如，在城市规划中设计师可以注重绿色空间的规划和建设，通过增加绿化面积、建设生态廊道等手段提高城市的生态环境质量。

第四章 数字景观设计与技术应用

第一节 数字景观设计的概念与特点

一、数字景观设计的定义及其在现代景观设计中的地位

（一）数字景观设计的定义

顾名思义，数字景观设计是将数字技术应用于景观设计中的一种新型设计方式。具体来说，它是指利用计算机技术、虚拟现实技术、地理信息技术等多种技术手段，对风景园林进行数字化设计、模拟、分析和管理的过程。数字景观设计不仅涉及景观的视觉效果设计，还包括对景观的生态、文化、社会等多方面的综合考量。

数字景观设计的核心在于通过数字化手段，实现对景观的精准控制和管理。这包括对地形、地貌、植被、水体等自然元素的数字化模拟，以及对景观空间布局、交通流线、照明设施等人为因素的数字化规划。同时，数字景观设计还强调对景观数据的收集、分析和应用，通过大数据、云计算等先进技术，实现对景观环境的实时监测和调控。

（二）数字景观设计的特点

可视化程度高：数字景观设计利用三维建模、虚拟现实等技术手段，将设计效果以直观、生动的方式呈现出来，大大提高了设计的可视化程度。这使设计师能够更加准确地把握设计方案的细节和效果，减少设计误差和返工率。

精准度高：数字景观设计利用地理信息技术、遥感技术等手段，对地形、地貌、植被等进行精准测量和模拟，大大提高了设计的精准度。这使设计方案更加

符合实际情况，能够更好地满足人们的需求和期望。

互动性强：数字景观设计强调人机交互和智能化设计，通过人机交互界面和智能算法，实现人与环境的互动和交流。这使设计方案更加灵活和可调整，能够更好地适应不同环境和人群的需求。

可持续性强：数字景观设计注重对环境的监测和调控，通过大数据、物联网等技术手段，实现对环境的实时监测和调控。这使设计方案更加具有可持续性和生态性，能够更好地保护环境和促进生态平衡。

（三）数字景观设计在现代景观设计中的地位

推动景观设计的科学化、规范化：数字景观设计的引入，使得景观设计过程更加科学化、规范化。通过数字化手段，设计师能够更加准确地把握设计方案的细节和效果，减少设计误差和返工率。同时，数字景观设计还强调对景观数据的收集、分析和应用，使得设计方案更加符合实际情况和人们的需求。

拓展景观设计的表现形式和领域：数字景观设计不仅涉及景观的视觉效果设计，还包括对景观的生态、文化、社会等多方面的综合考量。这使景观设计不再局限于传统的视觉艺术范畴，而是拓展到更广泛的领域和表现形式。例如，数字景观设计可以应用于城市规划、公园设计、旅游开发等多个领域，为城市建设和旅游开发提供更加丰富的设计思路和手段。

提高景观设计的效率和质量：数字景观设计的引入，大大提高了景观设计的效率和质量。通过数字化手段，设计师可以更加快速地完成设计方案的制作和修改，缩短设计周期和成本。同时，数字景观设计还强调对景观环境的实时监测和调控，使得设计方案更加具有可持续性和生态性，能够更好地满足人们的需求和期望。

促进景观设计的国际交流与合作：数字景观设计的国际化和标准化趋势日益明显，这为国际的景观设计交流与合作提供了更加便利的条件。通过数字化手段，不同国家和地区的设计师可以更加便捷地分享和交流设计理念和经验，促进全球范围内的景观设计创新和发展。

二、数字景观设计的核心特点与优势分析

（一）数字景观设计的核心特点

数字景观设计的首要特点是数字化模拟与可视化。通过运用三维建模、虚拟现实（VR）、增强现实（AR）等先进技术，设计师可以将设计方案以直观、生动的方式呈现出来，使客户能够更直观地理解设计理念和效果。这种可视化手段不仅提高了设计的可理解性和可接受性，还有助于设计师与客户之间的有效沟通。数字景观设计强调数据驱动和精准化。通过收集和分析大量的地理、环境、人文等数据，设计师可以更加精准地把握设计对象的实际情况，使设计方案更加符合实际需求和期望。同时，数字化手段还可以对设计方案进行精准模拟和优化，减少设计误差和返工率，提高设计的效率和质量。

数字景观设计具有高度的交互性和动态性。设计师可以通过人机交互界面和智能算法，实现人与环境的互动和交流。这种交互性不仅使设计方案更加灵活和可调整，还可以根据用户的需求和反馈进行实时修改和优化。此外，数字景观设计还可以对景观环境进行实时监测和调控，实现景观的动态管理和维护。数字景观设计鼓励创新性和实验性。通过运用数字化手段，设计师可以突破传统的设计思维和方法，尝试新的设计理念和手段。这种创新性和实验性不仅有助于推动景观设计领域的创新和发展，还可以为城市建设和环境保护提供更加丰富的设计思路和手段。

（二）数字景观设计的优势分析

数字景观设计通过数字化手段实现设计方案的快速制作和修改，大大缩短了设计周期和成本。同时，数字化手段还可以对设计方案进行精准模拟和优化，减少设计误差和返工率，进一步提高设计的效率。这种高效的设计方式有助于设计师在短时间内完成多个设计项目，满足市场的需求。数字景观设计通过数据驱动和精准化手段，使设计方案更加符合实际需求和期望。设计师可以根据收集到的数据对设计方案进行精准模拟和优化，使设计方案更加合理、可行和高效。这种优化设计方案的方式有助于提高设计的实用性和可操作性，使设计成果更加符合人们的期望和需求。

　　数字景观设计通过数字化模拟和可视化手段，使设计方案具有更强的表现力和感染力。设计师可以将设计方案以直观、生动的方式呈现出来，使客户能够更直观地理解设计理念和效果。这种表现力的提升有助于增强设计的吸引力和影响力，使设计成果更受人们的关注和喜爱。数字景观设计强调对环境的实时监测和调控，使设计成果更加符合自然规律和生态平衡。设计师可以通过数字化手段对景观环境进行实时监测和调控，及时发现和解决环境问题，实现景观的动态管理和维护。这种与环境的和谐共生方式有助于保护生态环境和促进可持续发展。

　　数字景观设计将传统的设计理念与现代科技相结合，推动了设计与科技的融合。通过运用数字化手段，设计师可以更加深入地了解科技在景观设计中的应用和发展趋势，从而创作出更加符合时代要求和人们需求的设计作品。这种融合不仅有助于推动景观设计领域的创新和发展，还可以为其他领域的设计提供借鉴和参考。

三、数字景观设计相较于传统设计的创新之处

（一）技术手段与表达方式的革新

　　数字景观设计充分利用了计算机技术、虚拟现实技术、地理信息技术等现代科技手段，使得设计过程更加高效、精准。例如，通过三维建模技术，设计师可以快速构建出景观的三维模型，实现设计方案的快速呈现和优化。虚拟现实（VR）和增强现实（AR）技术的应用，使得客户能够身临其境般体验设计成果，从而更直观地理解设计理念和效果。

　　数字景观设计不仅限于传统的二维图纸表达，还通过三维模型、动画、视频等多种形式展现设计成果。这种多样化的表达方式使得设计成果更加生动、直观，有助于客户更好地理解设计方案。

（二）设计思维与方法的变革

　　数字景观设计强调数据在设计中的重要性，通过收集和分析大量的地理、环境、人文等数据，使设计方案更加符合实际情况和需求。例如，利用遥感技术获取地形地貌数据，为景观设计提供科学依据。数据驱动的设计方法使得设计方案更加精准、合理，有助于提高设计的实用性和可操作性。

数字景观设计具有高度的交互性和动态性。设计师可以通过人机交互界面和智能算法，实现人与环境的互动和交流。这种交互性不仅使设计方案更加灵活和可调整，还可以根据用户的需求和反馈进行实时修改和优化。同时，数字景观设计还可以对景观环境进行实时监测和调控，实现景观的动态管理和维护。这种动态性使得设计方案更加具有适应性和可持续性。

数字景观设计鼓励创新性和实验性。设计师可以突破传统的设计思维和方法，尝试新的设计理念和手段。例如，利用数字化手段模拟自然生态过程，创造出独特的生态景观。这种创新性和实验性有助于推动景观设计领域的创新和发展，为城市建设和环境保护提供更加丰富的设计思路和手段。

（三）设计效率与质量的提升

数字景观设计通过数字化手段实现设计方案的快速制作和修改，大大缩短了设计周期和成本。例如，利用三维建模技术可以快速构建出多个设计方案供客户选择。同时，数字化手段还可以对设计方案进行精准模拟和优化，减少设计误差和返工率，进一步提高设计的效率。

数字景观设计通过数据驱动和精准化手段，使设计方案更加符合实际需求和期望。设计师可以根据收集到的数据对设计方案进行精准模拟和优化，使设计方案更加合理、可行和高效。这种精准化的设计方法有助于提高设计的实用性和可操作性，使设计成果更加符合人们的期望和需求。

（四）设计成果与环境的和谐共生

数字景观设计强调对环境的保护和生态的维护。设计师可以通过数字化手段模拟自然生态过程，创造出更加符合自然规律和生态平衡的景观。同时，数字景观设计还可以对景观环境进行实时监测和调控，及时发现和解决环境问题，实现对景观的动态管理和维护。

数字景观设计注重设计的可持续性。通过运用大数据、物联网等技术手段，对环境进行实时监测和调控，提高设计的可持续性和生态性。设计师可以在设计过程中考虑到环境的影响因素，制定更加符合可持续发展原则的设计策略，为城市建设和环境保护做出更大的贡献。

第二节　地理信息系统在景观设计中的运用

一、地理信息系统的基本原理及其在景观设计中的适用性

地理信息系统（Geographical Information System，简称 GIS）是一种将地理空间数据与属性数据进行管理、分析和可视化的工具。其基本原理涉及地理数据的收集、存储、分析和可视化等方面，为各种地理现象和空间关系的理解和研究提供了强有力的支持。在景观设计领域，GIS 的应用也日益广泛，其独特的原理和优势为景观设计提供了新的思路和方法。

（一）地理信息系统的基本原理

地理信息系统的第一步是地理数据的收集。这些数据可以来自遥感技术，如卫星图像、航空摄影图像等，也可以来自现场调查和测量，如地形测量、水文测量等。收集的地理数据需要具备一定的准确性和完整性，以保证后续的分析和应用的可信度。地理数据的存储是 GIS 的关键环节。通过数据库管理系统，GIS 能够实现对空间数据和属性数据的统一管理。空间数据包括点、线、面等地理要素的空间位置和形状信息，而属性数据则描述了这些地理要素的特征和属性。这种数据存储方式使得地理数据能够按照一定的数据模型和数据结构进行组织和管理，便于后续的查询、分析和可视化。

地理数据分析是 GIS 的核心功能之一。它可以通过空间分析、属性分析和网络分析等方法来实现。空间分析可以用来探索地理数据之间的空间关系，如邻近、重叠、连接等；属性分析可以用来挖掘地理数据的属性特征，如统计、分类、建模等；网络分析可以用来研究地理空间网络的路径、距离和流量等。这些分析方法为理解和研究地理现象和空间关系提供了有力的工具。地理数据可视化是 GIS 的重要输出方式。通过制作地图、图表和动画等形式，GIS 可以展示地理数据的分布和变化。这种可视化方式不仅可以帮助人们更直观地理解地理现象和掌握地理规律，还可以为决策和规划提供科学依据。

（二）地理信息系统在景观设计中的适用性

在景观设计中，需要大量的地理空间数据和属性数据来支持设计决策。GIS可以通过遥感技术和现场调查等手段，快速、准确地收集这些数据，并通过数据库管理系统实现统一管理和查询。这使设计师能够方便地获取所需的数据信息，为设计提供有力的数据支持。景观设计涉及对地形、植被、水文等多种地理要素的分析和评估。GIS的空间分析功能可以帮助设计师快速地进行地形分析、坡度分析、高程分析等，以了解景观的自然特征和环境敏感性。同时，GIS还可以帮助设计师进行空间交通分析、环境评估和土地利用优化等工作，为决策提供科学依据。

GIS的可视化功能可以将地理数据转化为直观、生动的地图、图表和动画等形式，帮助规划者和决策者更好地理解景观的特征和潜力。这种可视化展示方式还可以促进公众参与和理解，让公众了解不同规划选项的优缺点，并提出自己的意见和建议。这有助于增强规划的民主性和透明度，提高公众对规划的认同感和支持度。在景观设计中，生物多样性保护和水资源管理是两个重要的方面。GIS可以通过整合各种生态、地质和气候数据，制定保护有丰富生物多样性的地区的策略。同时，GIS还可以帮助设计师评估景观中水资源的状况和可持续利用的潜力，为水资源管理提供科学依据。

二、如何利用地理信息系统进行景观分析与规划

GIS作为一种强大的空间信息工具，已经在景观分析与规划中发挥着越来越重要的作用。通过整合、分析和可视化地理数据，GIS为景观规划师和决策者提供了科学的依据和高效的决策支持。下面将详细介绍如何利用GIS进行景观分析与规划。

（一）数据整合与预处理

景观分析与规划的首要步骤是收集并整合相关的地理数据。这些数据包括但不限于地形图、土壤类型图、植被分布图、水文数据及气候数据等。GIS能够将这些多源、多尺度的数据整合到一个统一的平台上，便于后续的分析与操作。

在数据预处理阶段，GIS可以对数据进行清洗、转换和标准化，以确保数据

的质量和一致性。例如，通过地理配准和坐标转换，可以将不同来源的数据统一到相同的空间参考系下；通过数据插值和重采样，可以填补数据空白或调整数据的空间分辨率。

（二）景观特征分析

利用 GIS 的空间分析功能，可以对景观的特征进行深入分析。这些分析包括但不限于地形分析、土壤分析、植被分析和水文分析等。

地形分析：GIS 可以生成数字高程模型（DEM），进而提取坡度、坡向、地形起伏度等地形因子。这些信息对于理解景观的地貌特征、水文流向以及潜在的自然灾害风险具有重要意义。

土壤分析：通过整合土壤类型、土壤质地、土壤肥力等数据，GIS 可以帮助我们了解土壤的空间分布及其理化性质。这对于农业用地规划、生态保护以及土地利用方式的选择具有指导意义。

植被分析：结合遥感影像和地面调查数据，GIS 可以分析植被的类型、覆盖度、生长状况等信息。这些信息对于评估生态系统的健康状况、生物多样性的保护以及森林防火等具有重要意义。

水文分析：GIS 可以模拟和分析水流的路径、流量和速度，以及洪水的淹没范围等。这对于水资源管理、水利工程规划以及防洪减灾等方面具有重要的应用价值。

（三）景观规划与设计

在深入了解景观特征的基础上，GIS 可以辅助我们进行景观规划与设计。这包括用地规划、生物多样性保护规划、水资源管理规划等多个方面。

用地规划：根据地形、土壤、植被等条件，GIS 可以评估不同区域的适宜性，为农业、林业、城市建设等用地提供科学依据。同时，GIS 还可以模拟和预测不同规划方案对景观格局和生态过程的影响，从而优化用地布局。

生物多样性保护规划：通过识别和保护生态敏感区和生物多样性丰富区，GIS 可以制定针对性的保护措施。此外，GIS 还可以监测和评估生物多样性的动态变化，为及时调整保护策略提供依据。

水资源管理规划：结合水文分析和用水需求预测，GIS 可以制订合理的水资源配置方案。同时，GIS 还可以监测和评估水资源的利用效率和污染状况，为水资源保护和污染防治提供支持。

（四）可视化展示与公众参与

GIS 强大的可视化功能可以将复杂的地理数据和空间分析结果以直观、易懂的方式呈现出来。这不仅有助于规划师和决策者更好地理解景观特征和规划方案的效果，还能促进公众参与和意见反馈。

通过制作三维模型、动画或虚拟现实场景等可视化产品，可以让公众更加直观地了解景观的现状和未来规划蓝图。同时，这些可视化成果还可以作为宣传和教育材料，提高公众对景观保护和可持续发展的认识。

三、地理信息系统在景观生态保护与恢复中的应用

（一）地理信息系统在景观生态保护与恢复中的技术特点

地理信息系统（GIS）是集地理学、计算机科学、地图学等多学科于一体的综合性技术。在景观生态保护与恢复中，GIS 具有以下技术特点：

数据集成与管理能力：GIS 可以集成多种来源、多种格式的地理数据，包括遥感影像、地形图、土壤图、植被图等，实现对景观生态信息的全面收集和管理。

空间分析与模拟功能：GIS 具备强大的空间分析和模拟能力，可以运用各种空间分析方法和模型，对景观生态进行定量化的评估和预测，为生态保护与恢复提供科学依据。

可视化表达与决策支持：GIS 可以通过地图、图表、三维模型等多种形式，直观地展示景观生态的空间分布、结构特征及动态变化过程，为决策者提供直观、清晰的决策支持。

（二）地理信息系统在景观生态保护与恢复中的应用场景

GIS 可以用于景观生态的评估，包括生态系统健康评价、生态脆弱性评价、生态服务功能评估等。通过 GIS 技术，可以综合考虑地形、气候、植被、土壤等多种因素，对景观生态进行综合评价，为生态保护与恢复提供科学依据。GIS 可以用于生态保护规划的制订，包括生态红线划定、自然保护区规划、生态廊道建设等。通过 GIS 的空间分析和模拟功能，可以识别出生态系统中的关键区域和敏

感区域，为生态保护规划提供科学依据。同时，GIS 还可以辅助决策者制定科学合理的生态保护措施，确保生态系统的稳定性和可持续性。

GIS 可以用于生态恢复的监测和评估，包括植被恢复监测、土壤恢复监测、水体恢复监测等。通过 GIS 技术，可以实时监测和评估生态恢复的效果和进展，为生态恢复提供科学指导。同时，GIS 还可以结合遥感技术和无人机技术，实现对大范围生态恢复区域的快速监测和评估。GIS 可以用于生态系统服务价值的评估，包括水源涵养、土壤保持、生物多样性维护等。通过 GIS 的空间分析和模拟功能，可以量化评估不同生态系统服务功能的价值，为生态保护与恢复提供经济支持。同时，GIS 还可以帮助决策者制定科学的经济政策，促进生态保护与经济发展的协调。

（三）地理信息系统在景观生态保护与恢复中的潜在价值

GIS 技术的应用可以提高生态保护与恢复的科学性和有效性。通过 GIS 的数据集成与管理能力，可以实现对景观生态信息的全面收集和管理；通过 GIS 的空间分析与模拟功能，可以对景观生态进行定量化的评估和预测；通过 GIS 的可视化表达与决策支持功能，可以为决策者提供直观、清晰的决策支持。这些都有助于提高生态保护与恢复的科学性和有效性。GIS 技术的应用可以促进生态保护与恢复的信息化和智能化。通过 GIS 技术，可以实现对景观生态信息的实时获取、动态监测和智能分析，为生态保护与恢复提供实时、准确的信息支持。同时，GIS 还可以与物联网、大数据、云计算等新一代信息技术相结合，推动生态保护与恢复技术的创新和发展。

GIS 技术的应用可以增强公众对生态保护与恢复的认识和参与。通过 GIS 的可视化表达功能，可以将复杂的景观生态信息以直观、易懂的方式呈现给公众，提高公众对生态保护与恢复的认识和理解。同时，GIS 还可以为公众提供参与生态保护与恢复的平台和渠道，促进公众参与和社会共治。

第三节　景观可视化技术与实践

一、景观可视化技术的基本概念与技术流程

（一）景观可视化技术的基本概念

1.定义

景观可视化技术是指利用计算机图形学、图像处理、虚拟现实等技术手段，将景观信息以图形、图像、动画等形式进行直观、形象的表达，以便人们更好地理解和分析景观空间结构、功能特征及动态变化过程的一种技术方法。

2.特点

直观性：景观可视化技术可以将复杂的景观信息以直观、形象的方式呈现出来，便于人们快速理解和分析。

交互性：景观可视化技术可以实现用户与景观信息的交互操作，如缩放、旋转、漫游等，提高用户体验。

实时性：景观可视化技术可以实现对景观信息的实时更新和展示，确保数据的时效性和准确性。

可预测性：通过景观可视化技术，可以模拟和分析景观的未来变化趋势，为规划决策提供科学依据。

3.作用

辅助规划决策：景观可视化技术可以将规划方案以直观、形象的方式展示出来，便于决策者理解和比较不同方案的优劣。

增进公众参与：通过景观可视化技术，可以将规划成果以通俗易懂的方式呈现给公众，提高公众对规划项目的认知度和参与度。

促进学科交叉融合：景观可视化技术涉及多个学科领域，如地理学、计算机科学、生态学等，其应用可以促进不同学科之间的交叉融合和创新发展。

（二）景观可视化技术的技术流程

1. 数据收集与处理

数据来源：景观可视化技术所需的数据包括地形数据、植被数据、建筑数据、交通数据等，这些数据可以通过遥感影像、GPS定位、数字地图等方式获取。

数据处理：收集到的原始数据需要进行预处理，包括数据清洗、格式转换、坐标统一等步骤，以确保数据的准确性和一致性。

2. 模型构建

三维建模：利用三维建模软件，根据处理后的数据构建景观的三维模型。模型包括地形、植被、建筑、道路等要素。

场景搭建：在三维建模的基础上，通过添加光照、纹理、阴影等效果，增强模型的真实感和立体感，形成逼真的景观场景。

3. 可视化表达

图形展示：利用图形、图像等方式展示景观的空间结构、功能特征及动态变化过程。例如，可以通过制作专题地图、剖面图、立体图等方式展示景观的地理特征和空间分布。

动画模拟：通过动画模拟技术，展示景观在不同时间尺度上的动态变化过程。例如，可以模拟景观在不同季节、不同天气条件下的变化情况。

虚拟现实展示：利用虚拟现实技术，将景观场景以三维立体的方式呈现给用户，使用户能够身临其境般感受景观的空间结构和环境氛围。

4. 交互操作

用户界面设计：设计直观、易用的用户界面，方便用户进行交互操作。例如，可以设计缩放、旋转、漫游等交互功能，使用户能够自由地探索景观场景。

数据查询与分析：通过交互操作，用户可以查询和分析景观数据。例如，可以查询某个区域的植被类型、地形高程等信息，或者分析景观的空间分布特征和变化趋势。

5. 成果输出与应用

成果输出：将可视化表达的结果以图像、视频、报告等形式输出，以便用户查看和使用。

应用领域：景观可视化技术的应用领域广泛，包括景观规划、设计、生态保护与恢复、城市管理等多个领域。例如，在景观规划中，可以利用景观可视化技术展示规划方案的效果；在城市管理中，可以利用景观可视化技术监测城市环境变化和交通状况等。

二、三维建模与渲染在景观可视化中的应用

（一）三维建模在景观可视化中的应用

1. 技术特点

真实性：三维建模技术能够准确模拟景观中的地形、植被、建筑等要素，使设计成果更具真实感。

可视化：通过三维建模，设计师可以将设计方案以立体化的形式展现出来，便于观察和评估。

可编辑性：三维模型具有高度的可编辑性，设计师可以根据需要对模型进行修改和优化。

2. 应用流程

数据收集：收集地形、植被、建筑等景观要素的相关数据，为建模奠定基础。

建模准备：选择合适的三维建模软件，并设置适当的参数和单位。

建模操作：根据收集的数据，在三维建模软件中创建地形、植被、建筑等要素的模型。

模型优化：对初步建立的模型进行细节优化，如调整材质、光照等参数，使模型更加真实。

导出模型：将优化后的模型导出为特定格式的文件，以便后续渲染或导入其他软件中使用。

3. 实践价值

提高设计效率：三维建模技术可以快速生成景观设计方案的三维模型，节省设计师的时间和精力。

增强设计沟通：通过三维模型，设计师可以与其他利益相关者（如客户、政府部门等）进行更直观、有效的沟通。

辅助决策支持：三维模型可以为决策者提供直观的视觉信息，帮助他们更好地理解设计方案并做出决策。

（二）渲染在景观可视化中的应用

1.技术特点

逼真性：渲染技术能够模拟真实的光照、材质和阴影效果，使景观场景更加逼真。

艺术性：渲染技术可以通过调整色彩、光影等参数，为景观场景增添艺术效果。

交互性：一些先进的渲染技术可以实现用户与场景的交互操作，如漫游、缩放等。

2.应用流程

导入模型：将三维建模软件导出的模型文件导入渲染软件中。

场景设置：在渲染软件中设置场景的光照、材质、阴影等参数。

渲染操作：根据需要进行单帧渲染或动画渲染，生成逼真的景观场景图像或视频。

后期处理：对渲染结果进行后期处理，如调色、剪辑等，以提高图像或视频的质量。

3.实践价值

展示设计成果：渲染技术可以将景观设计方案以逼真的图像或视频形式展示出来，便于向公众展示和宣传。

辅助设计评估：通过渲染技术生成的图像或视频，设计师可以更全面地评估设计方案的优缺点，并进行改进。

提升设计品质：渲染技术可以模拟真实的光照和材质效果，使景观场景更加逼真、细腻，提升设计品质。

（三）三维建模与渲染在景观可视化中的综合应用

三维建模与渲染技术的结合使用，可以大大提高景观设计的效率与品质。设计师可以通过三维建模软件快速构建景观场景的三维模型，并利用渲染技术为模型添加逼真的光照、材质和阴影效果。这种综合应用方式不仅可以节省设计师的时间和精力，还可以提高设计成果的逼真度和艺术效果。三维建模与渲染技术的应用还可以增强设计沟通与展示的效果。设计师可以将三维模型和渲染图像或视频作为设计成果的重要展示方式，与其他利益相关者进行更直观、有效的沟通。同时，这种展示方式也可以帮助公众更好地理解设计方案并提出宝贵的意见和建议。

随着三维建模与渲染技术的不断进步和应用领域的不断拓展，景观可视化技术也在不断发展。未来，我们可以期待更加逼真、高效、智能的景观可视化技术的出现，为景观设计、规划和管理提供更加有力的技术支持。

第四节　智能灌溉与生态监测技术

一、智能灌溉系统的原理及其在景观设计中的重要性

随着全球水资源日益紧张，传统的灌溉方式已无法满足现代景观设计的节水高效要求。在这一背景下，智能灌溉系统凭借其独特的优势和特性，成为景观设计中的关键技术。

（一）智能灌溉系统的原理

智能灌溉系统是一种集成了现代传感器技术、自动控制技术和远程监控技术的先进灌溉系统。其原理主要包括以下几个方面：

传感器监测：智能灌溉系统利用土壤湿度传感器、气象传感器和作物生长传感器等，对土壤湿度、气温、降雨量和作物生长情况等参数进行实时监测。这些传感器将监测到的数据传输给控制系统进行分析和处理。

数据分析与处理：控制系统接收传感器传输的数据，并进行数据分析和处理。通过对土壤湿度、气温和作物生长等参数的分析，控制系统能够准确判断作物的灌溉需求，并根据实际情况制定灌溉方案。这一过程涉及复杂的数据算法和决策模型，以确保灌溉的准确性和高效性。

自动控制：智能灌溉系统通过自动控制设备，如自动喷灌装置、自动开关阀门等，实现对灌溉水量、灌溉时间和灌溉方式的精确控制。根据控制系统的指令，自动控制设备能够自动开启或关闭阀门，调节灌溉水量和灌溉时间，以满足作物的生长需求。

远程监控：智能灌溉系统还可以通过互联网和移动通信技术，实现对灌溉系统的远程监控和管理。用户可以通过手机或电脑等终端设备，随时随地监测和控制灌溉系统的运行状态，及时调整灌溉方案。这种远程监控功能使得智能灌溉系统更加灵活和便捷。

（二）智能灌溉系统在景观设计中的重要性

智能灌溉系统在景观设计中的重要性主要体现在以下几个方面：

节水节能：智能灌溉系统通过精确控制每个喷头的开关和水量，避免了传统漫灌方式的水资源浪费。系统能够根据植物和土壤的实际需求进行智能调节，进一步优化水资源利用。同时，智能灌溉系统通常采用太阳能、风能等可再生能源，有助于降低能源消耗，实现节能目标。据研究，智能灌溉系统相比传统灌溉方式可以节约高达 30% 以上的水资源和能源消耗。

提高灌溉效率：智能灌溉系统能够实时监测土壤湿度、温度等参数，根据植物生长需求进行精准灌溉。这不仅避免了因过度灌溉导致的植物损害，还大大提高了灌溉效率，减少了人工成本。此外，智能灌溉系统的自动化和智能化程度较高，减少了人为因素的干扰，进一步保障了灌溉的准确性和可靠性。

提升景观质量：智能灌溉系统可以根据植物的生长需求和季节变化，自动调节灌溉水量和灌溉方式，确保植物得到充足的水分和养分。这有助于植物的健康生长和景观的美观度提升。同时，智能灌溉系统还可以根据景观设计的需要，实现多样化的灌溉效果，如喷泉、水幕等，为景观增添更多的艺术元素。

便于管理和维护：智能灌溉系统具有远程监控和管理功能，用户可以通过手机或电脑等终端设备随时随地监测和控制灌溉系统的运行状态。这种管理方式不仅方便快捷，而且能够及时发现问题并进行处理，保障系统的正常运行。此外，智能灌溉系统的自动化程度较高，减少了人工维护的需求，降低了维护成本。

促进可持续发展：智能灌溉系统的应用有助于实现水资源的可持续利用和景观设计的可持续发展。通过精确控制灌溉水量和灌溉方式，减少水资源的浪费和污染，保护生态环境。同时，智能灌溉系统的应用还可以推动景观设计向更加环保、高效、智能的方向发展，满足社会对可持续发展的需求。

二、生态监测技术的种类及其在景观保护中的作用

（一）生态监测技术的种类

生态监测技术主要包括以下几种类型：

生态环境监测主要关注自然生态系统中环境因子的变化，如气候、土壤、水资源等。通过长期、连续的监测这些因子的变化，可以了解生态系统的发展趋势，评估人类活动对环境的影响。例如，通过监测气候变化，可以预测物种分布的变化，为生物多样性的保护提供依据。生态污染监测主要监测环境中的污染物及其对生态系统的影响。这些污染物包括重金属、有机污染物、放射性物质等。通过实时监测这些污染物的排放量和环境中的浓度，可以有效地预防和治理环境污染，保护生态系统的健康。

遥感技术通过卫星或飞机等平台获取大范围的环境信息，如植被分布、土地利用、气候变化等。而 GIS 技术则可以对这些信息进行空间分析，提供更深入的环境数据。这两种技术的结合，为生态监测提供了强大的工具，大大提高了监测的效率和准确性。

生物监测通过观察生物种群的变化来反映生态系统健康状况的一种方法。指示生物则是能够反映环境状况的敏感生物种群，如鱼类、鸟类、昆虫等。通过观察指示生物的种群数量和分布，可以及时发现环境问题的变化，为生态保护提供依据。

生态系统健康评估是生态监测的重要环节。通过对生态系统进行全面评估，可以了解生态系统的结构、功能和稳定性。这种评估不仅可以帮助我们了解生态系统对人类活动的承受能力，也可以预测未来环境变化对生态系统的影响。生态系统健康评估还可以为环境保护提供科学依据，制定出更加有效的保护措施。

（二）生态监测技术在景观保护中的作用

生态监测技术可以实时监测景观环境中的各种因素，如空气质量、水质、土壤状况等。一旦监测到异常情况，如污染物超标、植被破坏等，系统可以立即发出预警，提醒相关部门及时采取措施进行干预和保护。这种实时监测与预警的能力，对于及时发现和解决景观保护中的问题至关重要。

生态监测技术可以获取大量的环境数据，包括气象数据、土壤数据、植被数据等。这些数据可以为景观保护提供有力的数据支撑，帮助决策者了解景观环境的现状和变化趋势。同时，通过对这些数据进行分析，可以揭示环境问题的本质和原因，为制定科学合理的保护策略提供决策支持。

生态系统健康评估是生态监测的重要组成部分，它可以帮助我们了解生态系统的健康状况和稳定性。通过对生态系统进行全面评估，我们可以预测未来环境变化对生态系统的影响，为制定长期保护策略提供依据。此外，生态监测技术还可以对景观保护的效果进行评估，为改进保护措施提供反馈和建议。生态监测技术的应用不仅限于专业领域，还可以通过各种渠道向公众普及生态环境知识。例如，通过发布监测数据和评估报告，让公众了解景观环境的现状和保护的重要性；通过展示监测结果和生态保护成果，激发公众的环保意识和参与意愿。这种公众教育与意识提升的作用，有助于形成全社会共同参与景观保护的良好氛围。

生态监测技术的发展离不开科技创新的推动。随着科技的不断发展，新的监测技术和设备不断涌现，为生态监测提供了更多的可能性。同时，生态监测技术的应用也推动了相关产业的发展和升级，如环保产业、地理信息产业等。这种科技创新与产业升级的良性循环，有助于提升我国在全球生态环境保护领域的竞争力和影响力。

三、如何整合智能灌溉与生态监测技术提升景观质量

（一）智能灌溉与生态监测技术概述

智能灌溉技术是一种基于物联网、传感器、云计算等技术的现代化灌溉系统。它通过实时监测土壤湿度、温度、植物需求等参数，自动调节灌溉水量、时间和方式，实现精准灌溉，提高水资源利用效率。智能灌溉技术具有节水、节能、自动化程度高等优点，能够有效满足植物生长的需求，促进植物健康生长。

生态监测技术是一种通过监测生态系统中的环境因子、生物群落、污染状况等参数，评估生态系统健康状况和稳定性的技术。它利用遥感、GIS、生物监测等手段，获取大量环境数据，为生态保护提供科学依据。生态监测技术可以实时监测景观环境的变化，及时发现生态问题，为制定科学合理的保护策略提供支持。

（二）整合智能灌溉与生态监测技术的必要性

整合智能灌溉与生态监测技术，可以实现景观管理的科学化、精细化。通过实时监测和数据分析，管理者可以更加准确地了解景观环境的状况和需求，制定更加科学合理的灌溉和保护策略，提高景观管理的效率和质量。智能灌溉技术可以根据植物需求和土壤状况自动调节灌溉水量和时间，避免水资源的浪费。而生态监测技术可以实时监测水资源的利用情况，为管理者提供数据支持，帮助实现水资源的合理配置和高效利用。

整合智能灌溉与生态监测技术，可以及时发现并解决生态环境问题。通过实时监测和数据分析，管理者可以及时发现生态环境中的污染、破坏等问题，并采取相应的措施进行修复和保护，维护生态系统的健康稳定。

（三）整合智能灌溉与生态监测技术的策略与方法

为了实现智能灌溉与生态监测技术的有效整合，需要建立数据共享平台。该平台可以集成各种传感器、监测设备的数据，实现数据的实时传输、存储和分析。通过数据共享平台，管理者可以方便地获取各种环境数据，为制定灌溉和保护策略提供数据支持。在数据共享平台的基础上，管理者可以根据景观环境的实际需求和监测数据，制定智能化灌溉策略。该策略可以包括灌溉水量、时间、方式的自动调节，以及针对不同植物和土壤类型的差异化灌溉方案。通过智能化灌溉策略的制定和实施，可以实现精准灌溉、节水节能的目标。

（四）实施生态监测与评估

在景观环境中实施生态监测与评估，是整合智能灌溉与生态监测技术的重要环节。通过实时监测和数据分析，可以评估生态系统的健康状况和稳定性，及时发现生态环境问题。同时，生态监测数据还可以为制定灌溉和保护策略提供科学依据，帮助管理者制定更加科学合理的保护策略。为了不断提升整合智能灌溉与生态监测技术的效果，需要加强技术研发与创新。一方面，可以探索新的传感器、监测设备和技术手段，提高数据获取的准确性和实时性；另一方面，可以研究新的数据分析方法和模型，提高数据分析和预测的准确性。通过技术研发与创新，可以不断提升整合智能灌溉与生态监测技术的效果和水平。

整合智能灌溉与生态监测技术需要一支专业的人才队伍来支持。因此，需要加强人才培养和团队建设。一方面，可以加强相关专业人才的培养和引进，提高人才的专业素质和技能水平；另一方面，可以加强团队建设和协作，促进不同专业背景人才之间的交流和合作，形成合力推动整合智能灌溉与生态监测技术的发展。

第五节　数字景观的维护与管理

一、数字景观维护与管理的重要性及挑战

（一）数字景观维护与管理的重要性

数字景观维护与管理通过引入先进的技术手段，如物联网、大数据、云计算等，实现了对景观环境的实时监测和数据分析。这使得管理者能够及时了解景观环境的状况，快速响应各种问题，提高管理效率。例如，通过智能灌溉系统，管理者可以根据植物需求和土壤状况自动调节灌溉水量和时间，实现精准灌溉，提高水资源利用效率。数字景观维护与管理能够对景观资源进行全面、精细化的管理。通过数据分析和预测，管理者可以更加准确地了解景观资源的需求和变化，从而优化资源配置。例如，在人流管理方面，通过数字化人流监测系统，管理者可以实时收集游客流量数据，并结合智能算法进行预测和分析，优化景区的人流分布，提升游客体验。

数字景观维护与管理注重生态保护，通过实时监测和数据分析，可以及时发现和解决生态环境问题。例如，在自然保护区中，通过引入数字化管理系统，管理者可以实时监测动植物数量、分布、种类等信息，为科学研究和保护管理提供重要数据支持。同时，数字景观维护与管理还可以为生态保护提供科学依据，帮助制定更加科学合理的保护策略。数字景观维护与管理注重景观的可持续发展，通过科学的规划和管理，可以提升景观质量。例如，在景观设计中，可以利用虚拟现实技术模拟景观效果，帮助设计师更好地把握景观的整体布局和细节处理。同时，数字景观维护与管理还可以为景观改造和升级提供技术支持，使景观更加符合人们的审美需求和生活需求。

（二）数字景观维护与管理的挑战

数字景观维护与管理需要借助先进的技术手段来实现，但这些技术本身也存在一定的挑战。例如，物联网设备的稳定性和可靠性需要进一步提高，大数据分析和云计算技术需要更加成熟和智能化；虚拟现实技术的真实感和交互性需要更加完善。这些技术挑战需要不断地进行研究和创新，以推动数字景观维护与管理的不断发展。数字景观维护与管理需要大量的数据支持，但数据的获取、存储、分析和利用也面临着一定的挑战。首先，数据的获取需要考虑到景观环境的复杂性和多样性，需要采用多种传感器和监测设备来获取数据。其次，数据的存储需要考虑到数据的安全性和可靠性，需要采用高效的数据存储和备份方案。最后，数据的分析和利用需要考虑到数据的准确性和实时性，需要采用先进的数据分析方法和模型来提取有价值的信息。

数字景观维护与管理需要建立完善的管理体系和制度，但这也面临着一定的挑战。首先，需要制定科学的管理规范和标准，确保数字景观维护与管理工作的规范化和标准化。其次，需要加强人员培训和管理，提高管理人员的专业素质和管理能力。最后，需要加强与其他部门的协调和合作，形成合力推动数字景观维护与管理工作的发展。数字景观维护与管理需要投入大量的资金和资源，但这也面临着一定的经济挑战。首先，需要考虑到设备的购置、安装和维护成本；其次，需要考虑到数据分析和处理的成本；最后，需要考虑到管理人员的薪酬和培训成本等。这些经济挑战需要制订合理的预算和资金计划来应对。

二、利用数字技术进行景观维护与更新的方法

（一）数据收集与分析

数据收集与分析是数字技术应用于景观维护与更新的基础。通过利用各种传感器和监测设备，可以实时收集景观环境中的温度、湿度、光照、土壤养分等关键数据。这些数据对于了解景观的生长状态、环境变化以及游客行为等至关重要。

在数据分析方面，可以利用大数据技术和人工智能算法对收集到的数据进行处理和分析。通过数据挖掘和模式识别，可以发现景观环境中存在的问题和潜在风险，为后续的维护与更新提供科学依据。例如，通过对土壤养分进行分析，可

以了解植物的生长需求，从而制订合理的施肥计划；通过对游客行为进行分析，可以优化景区的空间布局和服务设施，提升游客体验。

（二）智能灌溉系统

智能灌溉系统是数字技术在景观维护中的重要应用之一。该系统通过实时监测土壤湿度、植物需水量等关键参数，自动调节灌溉设备的运行，实现精准灌溉。智能灌溉系统不仅可以提高水资源的利用效率，降低浪费，还可以根据植物的生长需求进行个性化灌溉，促进植物健康生长。

此外，智能灌溉系统还可以与天气预报系统相结合，根据天气情况预测未来的降雨量和水分蒸发量，从而提前调整灌溉计划。这种基于数据的智能决策可以大大提高景观维护的效率和效果。

（三）三维建模与模拟

三维建模与模拟技术是数字技术在景观更新中的重要应用之一。通过三维建模软件，可以构建出景观的三维模型，并对其进行各种模拟和分析。例如，可以对景观的视觉效果进行模拟，以检验设计方案的可行性；可以对景观的生态环境进行模拟，以评估其生态效应和可持续性；还可以对景观的游客行为进行模拟，以优化空间布局和服务设施。

三维建模与模拟技术的应用不仅可以提高景观设计的准确性和可靠性，还可以降低设计成本和风险。通过模拟和分析，可以及时发现设计中存在的问题和不足，并进行调整和优化，从而确保景观更新项目的顺利实施。

（四）虚拟现实（VR）与增强现实（AR）技术

虚拟现实和增强现实技术为景观的维护与更新提供了全新的体验方式。通过虚拟现实技术，可以创建出逼真的景观环境模型，使用户能够身临其境般体验景观的变化和效果。这对于设计师和决策者来说非常有价值，可以帮助他们更直观地了解设计方案的实际效果，并做出更准确的决策。

增强现实技术则可以将虚拟信息叠加到现实世界中，为用户提供更加丰富的互动体验。例如，在景观更新项目中，可以利用增强现实技术将设计方案中的植物、建筑等元素叠加到现实场景中，让用户看到更新后的景观效果。这种交互式的体验方式可以大大提高用户的参与度和满意度。

（五）远程监控与管理

远程监控与管理是数字技术在景观维护与更新中的又一重要应用。通过安装摄像头、传感器等监控设备，可以实时收集景观环境中的数据和信息，并将其传输到远程监控中心进行集中处理和分析。远程监控中心的管理人员可以随时随地了解景观环境的状况和问题，并采取相应的措施进行处理和应对。此外，远程监控与管理还可以实现设备的远程控制和操作。例如，在智能灌溉系统中，管理人员可以通过远程监控中心对灌溉设备进行远程控制和调节，实现精准灌溉和节水节能的目标。这种远程监控与管理方式可以大大提高景观维护与更新的效率和效果，降低管理成本和风险。

三、数字景观管理中的数据采集、分析与应用

（一）数据采集

数据采集是数字景观管理的第一步，也是最为基础的一步。数据采集的准确性和全面性直接影响着后续数据分析和应用的效果。在数字景观管理中，数据采集主要通过以下几种方式进行：

传感器是数据采集的重要工具，能够实时监测景观环境中的各种参数，如温度、湿度、光照、土壤养分、空气质量等。通过布置在景观各处的传感器网络，可以实现对景观环境的全面监控。传感器采集的数据可以通过有线或无线方式传输到数据中心进行集中处理和分析。遥感技术通过卫星、无人机等遥感设备，获取景观环境的遥感图像和数据。遥感技术具有覆盖面广、更新快、信息量大等优点，能够为景观管理提供丰富的空间数据。通过遥感图像分析，可以了解景观植被的生长状况、水体分布、地形地貌等信息。

人工调查是数据采集的另一种重要方式。通过现场调查、问卷调查、访谈等方式，收集关于景观环境、游客行为、管理现状等方面的信息。人工调查具有灵活性和针对性强的特点，能够弥补传感器监测和遥感技术的不足。

（二）数据分析

数据分析是数字景观管理的核心环节。通过对采集到的数据进行处理、分析和挖掘，可以提取出有价值的信息和知识，为景观管理提供决策支持。数据预处

理是数据分析的前提和基础。由于采集到的数据可能存在噪声、缺失值、异常值等问题，因此需要进行数据清洗、去重、补全等预处理操作。此外，还需要对数据进行标准化和归一化处理，以便后续的分析和比较。

数据可视化是将数据以图形、图像等直观方式呈现出来的过程。通过数据可视化，可以更加直观地了解数据的分布、趋势和规律。在数字景观管理中，常用的数据可视化工具包括表格、柱状图、折线图、热力图等。数据挖掘是数据分析的高级阶段，旨在从大量数据中发现隐藏的规律和模式。在数字景观管理中，数据挖掘可以帮助我们了解景观环境的变化趋势、游客的行为习惯、管理效果等方面的信息。通过数据挖掘，可以发现潜在的问题和风险，为后续的决策提供支持。

在数据分析的基础上，可以构建预测模型对景观环境的变化进行预测。通过预测模型，可以预测未来一段时间内景观环境的状况，为管理决策提供科学依据。例如，可以构建植物生长模型预测植物的生长趋势和需要的水肥量，构建游客流量模型预测未来的游客流量分布等。

（三）数据应用

数据应用是数字景观管理的最终目的。通过数据分析得出的结果可以应用于景观管理的各个方面，提高管理效率和质量。数据可以为景观规划与设计提供科学依据。通过分析景观环境的自然条件、生态环境、历史文化等因素，可以制定出符合实际情况的景观规划方案。同时，还可以利用三维建模和虚拟现实技术模拟景观效果，为设计方案的优化提供可视化支持。

数据可以为景观的养护管理提供精准指导。通过分析植物生长数据、土壤养分数据等，可以制订个性化的养护计划，提高植物的生长质量和抗逆性。同时，还可以利用智能灌溉系统实现精准灌溉和节水节能的目标。数据可以为游客管理提供有力支持。通过分析游客行为数据、流量数据等，可以优化游客流线和服务设施布局，提高游客的满意度和舒适度。同时，还可以利用数据分析结果预测游客流量变化趋势，为景区的安全管理提供预警和应对措施。

数据可以为景观管理决策提供科学依据。通过对历史数据的分析和挖掘，可以发现景观管理中的问题和瓶颈，为改进管理策略提供方向。同时，还可以利用预测模型对未来趋势进行预测，为制定前瞻性决策提供支持。

第五章 数字城市设计与技术应用

第一节 数字城市设计的背景与意义

一、数字城市设计的起源与全球发展趋势

在 21 世纪的信息时代，数字城市设计已经成为推动城市现代化进程的重要力量。数字城市设计不仅是对传统城市规划与设计的革新，更是对未来城市生活方式的探索和预见。

（一）数字城市设计的起源

数字城市设计的起源可以追溯到 20 世纪 90 年代，当时随着计算机技术的快速发展和互联网的普及，人们开始尝试将数字技术应用于城市规划与设计中。1998 年，美国副总统戈尔提出了"数字地球"的概念，这一概念的提出为数字城市设计的发展奠定了重要的理论基础。随后，各国学者和城市规划师开始关注数字技术在城市规划与设计中的应用，数字城市设计理念逐渐形成并得到广泛的认可。

（二）数字城市设计的发展历程

1. 起步阶段

在这个阶段，数字城市设计主要是将计算机技术、地理信息系统（GIS）等数字技术应用于城市规划与设计中，实现数据的可视化表达和空间分析。这一阶段的数字城市设计主要集中在城市基础设施建设、城市空间规划等方面。

2. 发展阶段

随着数字技术的不断进步和普及，数字城市设计开始涉及更广泛的领域，如

智能交通、智慧环保、智慧医疗等。这一阶段的数字城市设计注重城市系统的整合和协同，以实现城市资源的优化配置和高效利用。

3.成熟阶段

进入成熟阶段后，数字城市设计已经成为推动城市现代化进程的重要力量。这一阶段的数字城市设计不仅关注城市系统的整合和协同，更注重人的需求和体验，强调以人为本的设计理念。同时，数字城市设计还开始涉及城市安全、城市治理等更广泛的领域，为城市的可持续发展提供了强有力的支持。

（三）全球发展趋势

随着人工智能、物联网等技术的快速发展，数字城市设计正逐步实现智能化和自动化。例如，智能交通系统可以通过分析交通流量和路况信息，自动调整交通信号灯的时长和交通路线的规划；智慧环保系统可以通过监测空气质量、水质等环境数据，自动进行污染源识别和预警。面对全球气候变化和环境问题，数字城市设计正越来越注重绿色化和可持续化。通过数字技术的应用，可以实现城市资源的节约和循环利用，减少能源消耗和环境污染。同时，数字城市设计还可以促进城市生态系统的保护和修复，提高城市的生态环境质量。

随着城市人口的不断增长和居民需求的多样化，数字城市设计正越来越注重多元化和个性化。通过数字技术的应用，可以为不同群体提供个性化的服务和解决方案。例如，智慧医疗系统可以为居民提供个性化的健康管理服务，智慧教育系统可以根据学生的学习情况和兴趣爱好提供个性化的学习资源和课程。随着全球化的加速和城市间的联系日益紧密，数字城市设计正越来越注重国际化和合作化。各国城市之间的交流和合作日益频繁，共同推动数字城市设计的发展和创新。同时，国际组织和企业也积极参与数字城市设计的研究和实践，为全球城市的可持续发展贡献智慧和力量。

二、城市化进程中数字设计的必要性

城市化，作为现代社会发展的重要标志之一，其进程深刻地影响着人们的生产、生活及城市空间的形态与功能。在这一进程中，数字设计以其独特的优势，为城市规划、建设与管理提供了强有力的支持。

（一）城市化与数字设计概述

城市化是指人口向城市地区集聚和乡村地区转变为城市地区的过程。这一过程伴随着社会、经济、文化等多个方面的变革，具体表现为人口城市化、空间城市化、经济城市化、生活方式城市化等方面。城市化的特点主要包括人口密集、产业聚集、空间扩张、功能复杂等。

数字设计又称数字化设计，是指利用数字技术进行设计、模拟、优化等过程的方法。数字设计以计算机技术为核心，融合了虚拟现实、人工智能、大数据分析等先进技术，具有高效、精准、可视化等特点。数字设计在城市规划、建筑设计、景观设计等领域得到了广泛应用，为城市空间的创新与发展提供了有力支持。

（二）城市化进程中数字设计的必要性

城市化进程中，城市规模不断扩大，功能日益复杂，给城市规划与管理带来了前所未有的挑战。数字设计通过数字化手段，能够实现对城市空间、人口、产业等数据的全面收集、整理与分析，为城市规划提供科学依据。同时，数字设计还能够模拟城市发展的各种情景，预测未来趋势，为城市管理者提供决策支持。城市设计与建设是城市化进程中的重要环节。数字设计以其高效、精准、可视化的特点，能够大大提高城市设计与建设的品质。通过数字模拟，设计师可以在计算机上实时调整设计方案，实现快速迭代与优化。此外，数字设计还能够实现多专业协同设计，确保设计方案的完整性与可行性。在建设阶段，数字设计能够实现精准施工与质量控制，提高建设效率与质量。

随着城市化进程的加速，城市可持续发展问题日益凸显。数字设计通过整合城市资源、优化城市空间布局、提高城市运行效率等方式，为城市可持续发展提供了有力支持。首先，数字设计能够实现对城市资源的全面监控与管理，确保资源的合理利用与节约。其次，数字设计能够优化城市空间布局，提高土地利用效率与空间品质。最后，数字设计能够提升城市运行效率，降低能源消耗与环境污染。城市化的最终目的是提高居民的生活质量。数字设计通过优化城市空间布局、完善城市基础设施、提升城市服务水平等方式，为居民提供更加便捷、舒适、安全的生活环境。例如，数字设计可以优化城市交通系统，减少交通拥堵与污染；可以完善城市公共服务设施，提高居民生活品质；还可以加强城市安全管理，保障居民生命财产安全。

城市创新与发展是城市化进程中的重要动力。数字设计以其先进的技术手段和创新的设计理念，为城市创新与发展提供了有力支持。通过数字设计，可以实现对城市空间、产业、文化等方面的创新设计，推动城市产业升级与转型。同时，数字设计还能够加强城市与外部的联系与合作，促进城市在全球化背景下的竞争与发展。

（三）数字设计在城市化进程中的挑战与对策

尽管数字设计在城市化进程中具有诸多优势，但也面临着一些挑战。例如，数据收集与处理的难度、技术更新换代的压力、多专业协同设计的复杂性等。为了充分发挥数字设计在城市化进程中的作用，需要采取以下对策：建立完善的数据收集与处理机制，确保数据的全面性与准确性。同时，加强数据分析与挖掘能力，为城市规划与管理提供有力支持。关注数字技术的最新发展动态，及时引进新技术并应用于城市设计与建设中。同时，加强技术创新与应用研究，推动数字设计技术的不断进步。建立多专业协同设计平台与机制，促进各专业之间的交流与合作。同时，加强设计师的跨学科知识与技能培训，提高多专业协同设计的能力与水平。

三、数字城市设计在提升城市管理效率中的作用

（一）数字城市设计的概念与特点

数字城市设计是指利用数字技术对城市进行规划、设计、建设和管理的一种新型城市管理模式。它通过对城市信息的全面收集、整理和分析，实现城市资源的优化配置和高效利用，推动城市管理的科学化、精细化和智能化。数字城市设计的特点包括数据驱动、智能化管理、精细化服务、开放共享等。

（二）数字城市设计在提升城市管理效率中的作用

数字城市设计以大数据和智能化技术为支撑，通过数据分析和挖掘，实现城市管理的精细化和智能化。通过数字城市平台，城市管理者可以实时获取城市运行的各种数据，如交通流量、空气质量、能源消耗等，为城市管理决策提供全面、精确的信息依据。同时，数字城市设计还可以利用大数据技术对城市运行进行预

测和模拟,为城市管理者提供科学的决策支持。数字城市设计倡导智能交通系统,通过智能交通信号灯、智能公交调度系统、智能停车系统等手段,实现交通管理的智能化和精细化。这些系统能够实时感知交通状况,自动调整交通信号灯的时长和交通路线的规划,优化交通流量分配,减少交通拥堵和事故发生率。同时,智能公交调度系统还可以根据乘客需求实时调整公交车班次和路线,提高公共交通的效率和便捷性。

数字城市设计通过智能监测和管理系统,实现对空气质量、水质等环境指标的实时监测和预警。这些系统能够实时感知环境状况,自动分析环境数据并发出预警信息,帮助城市管理者及时发现和解决环境问题。同时,数字城市设计还可以推动智能垃圾分类和处理系统的建设,提高城市垃圾处理的效率和环保水平。数字城市设计提倡便民服务的数字化和智能化,通过在线政务办理、智能社区服务、智能医疗健康等手段,为居民提供更加便捷、高效的服务。居民可以通过手机或电脑等终端设备,随时随地办理各种行政事务、查询社区信息、享受医疗健康服务等。这些服务不仅提高了居民的生活质量,还增强了居民对城市管理的信任和支持。

数字城市设计倡导数据的开放共享,推动城市各部门间、企业间和公众之间的信息共享和互联互通。通过数字城市平台,各部门可以实时共享城市运行的各种数据和信息,打破信息壁垒和部门壁垒,提高城市管理的协同性和效率。同时,开放共享的数据还可以吸引更多的企业和公众参与到城市管理中来,共同推动城市的可持续发展。

第二节　城市信息模型与三维仿真技术

一、城市信息模型（CIM）的构建与应用

（一）城市信息模型（CIM）概述

城市信息模型（CIM）是一种基于地理信息系统的三维数字化模型,它集成了城市空间、人口、经济、社会等多方面的信息,以三维可视化的方式展现城市

的整体面貌和内部结构。CIM 具有以下特点：

三维可视化：CIM 以三维图形的方式展现城市的空间结构和形态特征，使城市管理者能够直观地了解城市的整体布局和细节特征。

多源数据集成：CIM 能够集成来自不同来源、不同格式、不同精度的数据，实现城市信息的全面覆盖和无缝对接。

动态更新：CIM 能够实时获取和更新城市信息，确保数据的准确性和时效性。

可交互性：CIM 支持用户与模型进行交互操作，如查询、分析、模拟等，满足城市管理者多样化的需求。

（二）城市信息模型（CIM）的构建

构建 CIM 的第一步是收集和处理城市数据。数据来源包括政府部门、企事业单位、研究机构等，数据类型包括空间数据、属性数据、文本数据、图片数据等。在数据收集过程中，需要注意数据的准确性和完整性，同时确保数据的格式和精度符合 CIM 的要求。数据处理包括对数据进行清洗、整合、分类和编码等操作，以便后续进行数据分析和建模。

在数据收集和处理完成后，需要利用地理信息系统（GIS）软件和三维建模软件构建 CIM。构建过程包括以下几个步骤：

空间数据导入：将收集的空间数据导入 GIS 软件中，包括地形数据、建筑物数据、道路数据等。

数据融合：对导入的空间数据进行融合处理，消除数据冗余和冲突，确保数据的一致性和准确性。

三维建模：利用三维建模软件对融合后的空间数据进行建模操作，生成城市的三维数字化模型。建模过程中需要考虑模型的精度、细节和真实感。

属性数据关联：将属性数据与三维模型进行关联，实现模型的属性查询和统计分析功能。

构建完成的 CIM 需要进行优化和更新操作，以确保模型的准确性和实用性。优化操作包括对模型进行平滑处理、纹理贴图等操作，提高模型的可视化效果。更新操作则是根据城市发展的实际情况，实时获取和更新城市信息，对模型进行修正和完善。

（三）城市信息模型（CIM）的应用

CIM 可以为城市规划与设计提供全面、准确、实时的城市信息支持。通过 CIM，规划师可以直观地了解城市的现状和未来发展趋势，为城市规划提供科学依据。同时，CIM 还可以支持多专业协同设计，提高规划设计的效率和质量。CIM 可以为城市管理者提供实时、准确的城市运行数据，帮助管理者及时发现问题并采取措施。例如，通过 CIM 可以实时监测城市交通状况、空气质量、能源消耗等指标，为城市管理者提供决策支持。此外，CIM 还可以支持城市应急管理和公共服务，提高城市管理的响应速度和服务水平。

CIM 是智慧城市建设的重要基础之一。通过 CIM 可以集成智慧交通、智慧环保、智慧能源等多个领域的数据和应用，实现城市管理的智能化和精细化。同时，CIM 还可以为智慧城市提供数据共享和开放接口，促进智慧城市应用的创新和发展。CIM 可以通过互联网等渠道向公众开放，实现公众参与和互动。公众可以通过 CIM 了解城市信息、参与城市规划、提出意见和建议等。这不仅可以增强公众对城市规划与管理的信任和支持，还可以促进城市规划与管理的民主化和科学化。

二、三维仿真技术在城市规划与设计中的应用

（一）三维仿真技术概述

三维仿真技术是一种利用计算机图形学、虚拟现实技术、人机交互技术等手段，构建具有高度真实感的三维虚拟环境的技术。它可以将现实世界中的物体、场景和过程以数字化的形式呈现出来，并通过交互式的操作方式，让用户能够在虚拟环境中进行实时，动态地观察和分析。在城市规划与设计领域，三维仿真技术可以模拟城市的空间布局、建筑形态、交通状况、环境条件等，为规划者和设计师提供全面、直观、真实的设计依据。通过三维仿真技术，规划者和设计师可以更加准确地预测和评估规划方案的效果，从而提高规划设计的科学性和合理性。

（二）三维仿真技术在城市规划与设计中的应用

在城市规划与设计中，城市空间布局是一个重要的方面。三维仿真技术可以

模拟城市的空间布局，包括道路、建筑、绿地、水系等元素的布局和形态。通过构建三维虚拟城市模型，规划者和设计师可以直观地了解城市的空间结构和形态特征，从而更加准确地把握城市的发展方向和空间布局。建筑形态设计是城市规划与设计中的重要环节。三维仿真技术可以模拟建筑的形态和外观，为建筑师提供直观的设计工具。通过三维仿真软件，建筑师可以快速构建建筑的三维模型，并进行多角度、全方位的观察和分析。同时，三维仿真技术还支持材质贴图、光影渲染等高级功能，使建筑模型更加真实、逼真。

交通状况是城市规划与设计中需要考虑的重要因素。三维仿真技术可以模拟城市的交通状况，包括道路网络、交通流量、交通设施等。通过构建三维交通仿真模型，规划者和设计师可以了解城市交通的运行状态和瓶颈问题，从而提出针对性的改进措施。此外，三维仿真技术还支持实时动态交通模拟，为城市规划者提供实时的交通数据支持。环境条件对城市规划与设计具有重要的影响。三维仿真技术可以模拟城市的环境条件，包括气候、光照、地形、植被等。通过构建三维环境仿真模型，规划者和设计师可以了解城市在不同环境条件下的表现和变化，从而提出更加符合实际的设计方案。例如，在模拟城市的气候条件时，可以分析不同季节、不同时间段的温度和湿度变化，为城市的建筑设计和绿化规划提供依据。

公众参与是城市规划与设计中的重要环节。三维仿真技术可以通过互联网等渠道向公众开放，实现公众参与和互动。公众可以通过三维仿真模型了解城市的规划方案和设计意图，并提出自己的意见和建议。这不仅可以增强公众对城市规划与设计的信任和支持，还可以促进城市规划与设计的民主化和科学化。

（三）三维仿真技术带来的优势与挑战

1. 优势

（1）直观性：三维仿真技术可以将现实世界以数字化的形式呈现出来，使规划者和设计师能够直观地了解城市的空间布局、建筑形态、交通状况等。

（2）交互性：三维仿真技术支持交互式的操作方式，使用户能够在虚拟环境中进行实时、动态的观察和分析。

（3）预测性：三维仿真技术可以模拟城市的运行状态和未来发展趋势，为规划者和设计师提供预测性的设计依据。

（4）灵活性：三维仿真技术可以快速构建和修改模型，支持多方案比较和优化设计。

2.挑战

（1）数据获取与处理：三维仿真技术需要大量的数据支持，包括地形数据、建筑数据、交通数据等。如何获取和处理这些数据是一个挑战。

（2）技术难度：三维仿真技术涉及多个领域的知识和技术，包括计算机图形学、虚拟现实技术、人机交互技术等。对规划者和设计师来说，掌握这些技术需要一定的时间和精力。

（3）计算资源：三维仿真技术需要消耗大量的计算资源，包括计算机硬件和软件资源。如何优化计算资源的使用是一个挑战。

（4）公众参与：虽然三维仿真技术可以提高公众参与的程度，但如何有效地收集和整理公众的意见和建议仍然是一个挑战。

三、城市信息模型与三维仿真技术的结合优势

随着数字化、智能化技术的不断发展，城市管理与规划迎来了前所未有的变革。城市信息模型（City Information Model, 简称 CIM）作为整合城市各类信息的综合性平台，与三维仿真技术这一能够模拟现实世界的强大工具的结合，为城市规划与设计带来了革命性的创新。

（一）城市信息模型（CIM）与三维仿真技术的概述

城市信息模型（CIM）是一种数字表示城市的综合模型，它整合了城市的各种数据、信息和资源，以创造一个虚拟的城市环境。CIM 能够汇集来自不同部门、机构和传感器的数据，包括地理信息系统（GIS）数据、社会经济数据、交通数据、环境数据等，从而构建城市的全面图景。

三维仿真技术是一种基于计算机图形学、物理学和人工智能等技术的综合性技术。它通过建立三维模型、场景和参数，模仿真实世界的物体和现象，并对其进行模拟和预测。这种技术具有高度的真实感和沉浸感，能够为用户提供强大的数据处理和可视化能力。

（二）城市信息模型与三维仿真技术结合的优势

城市信息模型（CIM）与三维仿真技术的结合，能够实现多源数据的高效整合与利用。CIM 能够汇集来自不同部门、机构和传感器的数据，而三维仿真技术则可以将这些数据以三维可视化的形式展现出来。这种结合不仅提高了数据的利用率，而且使数据更加直观、易于理解。三维仿真技术为城市信息模型提供了强大的可视化支持。通过三维仿真技术，CIM 中的城市信息能够以三维图形的方式直观地展现出来，能够使用户真实地感受到城市的空间布局、建筑形态、交通状况等。这种真实感体验有助于规划者和设计师更好地理解城市，从而做出更加科学的决策。

城市信息模型与三维仿真技术的结合，使得城市规划和设计具备了强大的模拟分析和预测能力。通过构建三维仿真模型，规划者和设计师可以对不同的规划方案进行模拟和分析，评估其对城市交通、环境、经济等方面的影响。同时，这种技术还可以对城市的未来发展趋势进行预测，为城市的可持续发展提供有力支持。城市信息模型与三维仿真技术的结合，使得公众参与城市规划与设计成为可能。通过构建三维仿真模型并将其向公众开放，公众可以直观地了解城市的规划方案和设计意图，并提出自己的意见和建议。这种公众参与的方式不仅提高了规划设计的透明度和公正性，而且有助于增强公众对城市规划与设计的信任和支持。

一些先进的城市信息模型还具有实时更新功能，能够不断收集和更新城市数据以反映城市的实际状态。结合三维仿真技术，这些模型可以实时展示城市的动态变化，如交通拥堵、空气污染等。这为城市管理者提供了重要的决策支持工具，使其能够迅速响应城市问题并采取相应的措施。

第三节　智能交通与城市规划的整合

一、智能交通系统的基本概念与技术特点

随着城市化进程的加速和交通工具的多样化，交通拥堵、安全事故频发、环境污染等问题日益凸显。为了应对这些挑战，智能交通系统（Intelligent Transportation System，简称 ITS）应运而生。ITS 通过集成先进的信息技术、通信技术、传感器技术、电子控制技术及计算机技术等，为交通运输领域带来了一场深刻的变革。

（一）智能交通系统的基本概念

ITS 是指将先进的信息技术、数据通信技术、传感器技术、电子控制技术及计算机技术等有效地综合运用于整个交通运输管理体系，从而建立起一种大范围内、全方位发挥作用的实时、准确、高效的综合运输和管理系统。其核心理念在于通过人、车、路的和谐、密切配合提高交通运输效率，缓解交通阻塞，提高路网通过能力，减少交通事故，降低能源消耗，减轻环境污染。

ITS 作为一种大范围、全方位覆盖的运输和管理系统，囊括了众多分支系统，主要包括出行者信息系统、交通管理系统、公共运输系统、车辆控制和安全系统、不停车收费系统、应急管理系统及商用车辆运营系统等。这些系统之间各司其职、相辅相成，共同构成了智能交通系统的庞大网络。

（二）智能交通系统的技术特点

智能交通系统通过实时获取交通信息，对交通流量进行精确控制，从而提高了道路通行效率，减少了交通拥堵现象。例如，智能交通系统可以通过分析实时交通数据，动态调整交通信号灯的配时方案，优化交通流量分布，减少车辆在路口的等待时间。此外，智能交通系统还可以实现车辆的智能调度和路径规划，避免不必要的绕行和拥堵。智能交通系统能够实时监测道路状况，预测交通风险，并及时采取措施，有效减少交通事故的发生。例如，智能交通系统可以通过安装

在道路上的传感器和摄像头等设备，实时监测道路状况、车辆行驶状态及交通违法行为等信息，并通过交通信号控制系统及时调整交通流量，避免交通拥堵和事故的发生。此外，智能交通系统还可以通过车辆定位和追踪技术，实现对事故现场的快速响应和救援。

智能交通系统通过优化交通流量，减少了车辆的空驶率，从而降低了车辆的燃油消耗和排放，有利于环保。例如，智能交通系统可以通过分析实时交通数据，为驾驶员提供最优的行驶路线和速度建议，避免不必要的加速和减速，降低燃油消耗和排放。此外，智能交通系统还可以通过推广公共交通、鼓励绿色出行等方式，进一步减少私家车的使用量，降低交通污染。智能交通系统提供了便捷的出行方式，如实时路况查询、电子地图、车载导航等，方便了人们的出行。例如，智能交通系统可以通过互联网和移动通信技术，为驾驶员提供实时的交通信息和路况查询服务，帮助他们选择最佳的行驶路线和出行时间。此外，智能交通系统还可以通过车载导航设备为驾驶员提供精确的导航服务，帮助他们快速到达目的地。

智能交通系统具有较强的可扩展性，可以根据不同的城市和地区的特点，进行相应的调整和优化。例如，智能交通系统可以通过增加新的传感器和摄像头等设备，扩展监测范围和监测精度；可以通过升级软件系统和硬件设备，提高系统的处理能力和响应速度；还可以通过与其他系统的集成和互联互通，实现更加智能化和高效化的交通管理和服务。

二、智能交通在城市规划中的重要性与应用

（一）智能交通在城市规划中的重要性

智能交通系统通过集成先进的信息技术、数据通信技术、传感器技术、电子控制技术及计算机技术等，实现对交通流量的实时监测、预测和调度，从而优化交通信号控制、提高道路通行能力、减少交通拥堵。据研究，智能交通系统可使城市交通效率提高 20% 以上，有效缓解城市交通压力。智能交通系统能够实时监测道路状况、车辆行驶状态及交通违法行为等信息，并通过交通信号控制系统及时调整交通流量，避免交通拥堵和事故的发生。同时，智能交通系统还能提供

车辆定位、追踪和紧急救援等服务，保障行车安全。据统计，智能交通系统可使交通事故率降低 30% 以上，提高城市交通安全性。

智能交通系统通过优化交通结构、推广公共交通、鼓励绿色出行等方式，减少私家车的使用量，降低交通污染和能源消耗，促进城市可持续发展。例如，智能交通系统可以通过实时交通信息和导航服务，引导驾驶员选择公共交通工具或非机动车出行，降低碳排放。同时，智能交通系统还能提高交通系统的智能化水平，降低运维成本，提高城市经济效益。

（二）智能交通在城市规划中的应用

智能交通系统通过 AI 驱动的导航应用提供实时交通信息，建议最佳路径以避免拥堵。这不仅提高了驾驶员的出行效率，还降低了能源消耗和排放。例如，一些先进的导航系统能够实时分析交通流量和路况，为驾驶员提供最优的行驶路线和速度建议，从而有效减少拥堵和排放。智能交通系统通过集中监控和管理系统协调不同的交通模式，如公共交通、自行车共享和出租车服务等。这种协调有助于减少交通拥堵、提高交通效率并优化出行体验。例如，智能交通系统可以根据实时交通数据调整公交车的班次和路线，以满足乘客需求并减少空驶率。

智能交通系统有助于设计更环保的交通系统，减少排放并提高能源效率。例如，通过智能管理电动车充电站和公共交通系统，可以减少碳排放并提高能源利用效率。此外，智能交通系统还可以通过提供更便捷的共享出行选项，降低私家车的需求和使用量。智能交通系统能够分析历史数据并识别事故的模式，帮助预测可能发生事故的位置和时间。这使城市规划者能够采取措施降低事故风险，如改进交通设计、提高交通法规的执行力度等。同时，智能交通系统还能监控交通违规和安全问题，如超速和闯红灯等，以改进交通安全。

智能交通系统通过传感器和移动应用程序引导驾驶员到可用的停车位，减少寻找停车位的时间和交通拥堵。这有助于提高城市的停车效率和减少对环境的影响。例如，一些城市已经采用了智能停车系统，通过实时监测停车位的使用情况并为驾驶员提供停车位信息，从而提高了停车效率和便捷性。智能交通系统能够整合来自不同部门和机构的数据，为城市规划者提供全面的交通信息和决策支持。这使城市规划者能够更准确地了解城市交通状况和发展趋势，从而制订更加科学、合理的交通规划方案。

三、如何整合智能交通与城市规划以提升城市交通效率

（一）智能交通与城市规划的整合意义

智能交通与城市规划的整合，意味着将先进的交通管理技术和规划理念相结合，通过智能化、信息化的手段来优化交通资源配置，提高交通管理效率，进而提升城市交通效率。这种整合的意义主要体现在以下几个方面：

优化交通资源配置：智能交通系统能够实时监测交通流量、分析交通需求，为城市规划者提供科学的决策依据，帮助优化交通资源配置，实现交通资源的最大化利用。

提高交通管理效率：智能交通系统通过集成先进的信息技术、通信技术、传感器技术等，实现对交通流量的实时控制和管理，提高交通管理效率，减少交通拥堵和事故。

响应实时变化：智能交通系统具备高度的灵活性和适应性，能够迅速响应交通状况的变化，及时调整交通信号、路线规划等，以适应城市交通的实时需求。

提升公众出行体验：智能交通系统通过提供实时交通信息、导航服务等，帮助驾驶员选择最优的行驶路线和速度，减少出行时间和成本，提升公众出行体验。

促进可持续发展：智能交通系统有助于推动绿色交通、低碳出行等理念的普及和实践，降低交通污染和能源消耗，促进城市的可持续发展。

（二）整合智能交通与城市规划的策略

为了有效整合智能交通与城市规划以提升城市交通效率，需要采取以下策略：

在整合智能交通与城市规划之前，首先需要明确整合的目标和原则。目标应该是提升城市交通效率，实现交通资源的优化配置和交通管理的智能化。原则应该包括科学性、系统性、协调性和可操作性等方面，确保整合工作的顺利进行。制订详细的整合计划是确保整合工作顺利进行的关键。整合计划应该包括智能交通系统的建设方案、城市规划的调整方案、数据共享与互通方案、人员培训与宣传方案等方面。同时，还需要制定详细的实施步骤和时间表，确保各项工作的有序推进。

　　智能交通与城市规划的整合涉及多个部门和机构的参与和协作。因此，需要加强跨部门之间的协作与沟通，确保各方能够充分理解整合的目标和意义，共同推动整合工作的进行。同时，还需要建立有效的沟通机制，及时解决整合过程中出现的问题和困难。智能交通系统的建设需要依靠先进的技术支持。因此，需要加强技术研发与应用，不断推动智能交通技术的创新和发展。同时，还需要加强智能交通技术在城市规划中的应用，推动交通规划向数字化、智能化方向发展。

　　整合智能交通与城市规划需要完善的法律法规和政策的支持。政府应该出台相关政策和措施，鼓励和支持智能交通技术的研发和应用，推动智能交通系统与城市交通规划的整合。同时，还需要加大法律法规的制定和执行力度，确保整合工作的合法性和规范性。公众是城市交通的重要参与者和使用者。因此，需要加强公众对智能交通系统和城市交通规划的了解和认识，提高公众的参与度和支持度。可以通过媒体宣传、社区活动等方式向公众普及智能交通和城市规划的知识和理念，鼓励公众积极参与交通规划和管理过程。

（三）整合智能交通与城市规划的难点与挑战

　　虽然整合智能交通与城市规划对于提升城市交通效率具有重要意义，但在实际操作过程中也面临一些难点和挑战：

　　技术难题：智能交通系统的建设需要依靠先进的技术支持，但当前技术发展水平还存在一定的局限性，需要不断推动技术创新和发展。

　　数据共享与互通难题：智能交通与城市规划的整合需要实现数据的共享和互通，但当前各部门之间的数据共享和互通还存在一定的障碍和困难。

　　跨部门协作难题：智能交通与城市规划的整合需要多个部门和机构的参与和协作，但各部门之间的利益诉求和职责分工存在差异，需要加强跨部门之间的协作与沟通。

　　法律法规与政策支持不足：当前关于智能交通和城市规划的法律法规和政策支持还不够完善，需要加大相关法律法规的制定和执行力度。

第四节　城市绿色基础设施的数字化规划

一、城市绿色基础设施的规划原则与目标

随着城市化进程的加速，城市绿色基础设施的重要性日益凸显。绿色基础设施不仅指城市中的公园、绿地、森林等自然环境，更包括与城市生态系统密切相关的绿色空间网络。这些绿色空间对于改善城市环境、提升居民生活质量、促进城市可持续发展具有重要意义。因此，制订科学合理的城市绿色基础设施规划原则与目标，对于指导城市绿色基础设施建设具有重要意义。

（一）城市绿色基础设施的规划原则

生态优先是城市绿色基础设施规划的首要原则。在城市规划过程中，应充分考虑自然生态系统的完整性和稳定性，尊重自然规律，保护生态环境。在规划过程中，要优先安排绿色空间，保障生态用地的数量和质量，确保城市生态系统的健康和稳定。城市绿色基础设施规划应遵循科学规划原则，依据城市自然地理条件、经济社会发展状况、人口分布等因素，制订科学合理的规划方案。在规划过程中，要充分利用现代科技手段，如遥感技术、GIS 技术等，对城市生态环境进行全面、系统的分析，为规划提供科学依据。

城市绿色基础设施规划应坚持以人为本原则，充分考虑居民的生活需求和休闲需求，打造宜居宜游的城市环境。在规划过程中，要注重绿色空间的可达性和便利性，确保居民能够方便地享受到绿色空间带来的益处。同时，还要注重绿色空间的多样性和丰富性，满足不同人群的需求。

城市绿色基础设施规划应遵循系统协调原则，将绿色空间纳入城市总体规划中，与其他城市基础设施进行协调规划。在规划过程中，要注重绿色空间与交通、市政、产业等基础设施的衔接和融合，形成相互支撑、相互促进的城市基础设施体系。城市绿色基础设施规划应遵循可持续发展原则，注重绿色空间的长期效益和可持续发展。在规划过程中，要充分考虑资源环境的承载能力，合理确定绿色

空间的规模、布局和类型，确保绿色空间的可持续利用和发展。同时，还要注重绿色空间与经济社会发展的协调，实现城市绿色基础设施与经济社会发展的相互促进。

（二）城市绿色基础设施的规划目标

城市绿色基础设施的首要目标是改善城市生态环境。通过规划和建设绿色空间网络，提高城市绿地率、森林覆盖率等生态指标，减少城市热岛效应、空气污染等环境问题，提升城市生态环境质量。同时，还要注重城市生态廊道的建设，促进城市生态系统的连通性和完整性。城市绿色基础设施的另一个重要目标是提升居民生活质量。通过规划和建设公园、绿地等休闲场所，为居民提供优美的休闲环境和舒适的休闲空间。同时，还要注重绿色空间的公共服务功能，如建设健身设施、儿童游乐设施等，满足居民多样化的休闲需求。此外，绿色空间还能够缓解城市压力、提高居民心理健康水平等。

城市绿色基础设施的最终目标是促进城市可持续发展。通过规划和建设绿色空间网络，推动城市产业结构调整、优化城市空间布局等，促进城市经济社会的可持续发展。同时，绿色空间还能够为城市提供生态服务价值，如碳汇、水源涵养等，为城市的可持续发展提供有力支撑。城市绿色基础设施的规划还应注重构建特色城市风貌。通过结合城市的历史文化、地形地貌等特色因素，打造具有地方特色的绿色空间网络。这些绿色空间不仅能够为城市增添独特的景观魅力，还能够成为展示城市形象的重要窗口。

在全球气候变化和自然灾害频发的背景下，城市绿色基础设施的规划还需要注重增强城市的韧性。通过规划和建设多层次的绿色空间网络，提高城市对气候变化和自然灾害的适应能力。这些绿色空间能够作为城市的"绿色肺"和"海绵体"，在灾害发生时为城市提供必要的缓冲和恢复能力。

二、数字化工具在绿色基础设施规划中的应用

（一）数字化工具概述

数字化工具是借助计算机、网络和现代信息技术，实现对各类数据进行收集、处理、分析和应用的一类工具。在绿色基础设施规划中，数字化工具能够处理海

量的地理空间数据、生态环境信息、社会经济数据等，为规划提供科学、准确的决策支持。

（二）数字化工具在绿色基础设施规划中的应用

1. 数据收集与整合

地理信息系统（GIS）：GIS是绿色基础设施规划中不可或缺的工具。它能够整合多种地理空间数据，包括地形、地貌、植被、水系等，形成直观的地图表达。规划者可以利用GIS查询和分析这些数据，为绿色基础设施的选址、布局和规划提供科学依据。

遥感技术：遥感技术能够获取城市地表覆盖、植被类型、空气质量等生态环境信息。通过对遥感影像的解译和分析，规划者可以评估城市生态环境状况、识别生态敏感区和脆弱区，为绿色基础设施的规划提供重要参考。

大数据技术：大数据技术能够收集和处理海量的社会经济数据，包括人口分布、经济状况、交通状况等。这些数据能够为规划者提供城市发展的动态趋势和潜在问题，帮助规划者制订更加科学合理的绿色基础设施规划方案。

2. 模拟与分析

三维建模技术：三维建模技术能够构建城市的三维模型，模拟绿色基础设施的空间布局和景观效果。规划者可以利用三维模型进行视觉分析和空间分析，评估不同规划方案对城市景观和生态环境的影响，选择最优的规划方案。

环境模拟软件：环境模拟软件能够模拟城市环境的物理过程，如气候变化、水文循环等。通过模拟分析，规划者可以预测绿色基础设施对环境的潜在影响，为规划提供科学依据。

统计分析软件：统计分析软件能够对数据进行深入的分析和挖掘，揭示数据背后的规律和趋势。规划者可以利用统计分析软件分析城市生态环境和社会经济数据的关联性，为绿色基础设施规划提供决策支持。

3. 决策支持

决策支持系统（DSS）：DSS能够集成多种数字化工具，为规划者提供全面的决策支持。它可以根据规划者的需求，整合各类数据和分析结果，生成可视化的报告和建议，帮助规划者制订更加科学、合理的绿色基础设施规划方案。

人工智能（AI）技术：AI技术能够通过对历史数据的分析，预测未来趋势和潜在风险。在绿色基础设施规划中，AI技术可以应用于生态风险评估、资源优化配置等方面，为规划者提供前瞻性的指导。

4.可视化展示与公众参与

可视化技术：可视化技术能够将复杂的规划信息以直观、易懂的方式呈现给公众。通过三维模型、动画、虚拟现实等技术手段，规划者可以向公众展示绿色基础设施的空间布局和景观效果，提高公众对规划方案的理解和接受度。

互动平台：利用互联网和社交媒体平台，规划者可以搭建在线互动平台，邀请公众参与绿色基础设施规划的讨论和反馈。通过收集公众的意见和建议，规划者可以更好地了解公众需求和期望，提高规划的民主性和科学性。

（三）数字化工具在绿色基础设施规划中的优势

提高规划效率：数字化工具能够实现对大量数据的快速处理和分析，提高规划工作的效率。同时，数字化工具还能够实现自动化和智能化操作，减少人工干预和错误率。

提升规划精度：数字化工具能够准确收集和分析各类信息，为规划提供精确的数据支持。通过模拟分析和决策支持功能，规划者可以制订更加科学、合理的绿色基础设施规划方案。

促进公众参与：数字化工具为公众参与绿色基础设施规划提供了便捷的途径。通过可视化展示和互动平台等方式，规划者可以向公众展示规划方案并收集反馈意见，提高规划的民主性和科学性。

增强规划前瞻性：数字化工具能够预测城市生态环境和社会经济发展的未来趋势，为绿色基础设施规划提供前瞻性指导。通过环境模拟和AI技术等手段，规划者可以评估不同规划方案对未来环境的影响并制定相应的应对措施。

三、如何提升城市绿色基础设施的数字化规划水平

（一）明确数字化规划的目标与原则

1.目标

提升城市绿色基础设施的数字化规划水平，旨在通过数字化工具实现绿色基

础设施规划的科学化、精细化和智能化，以满足城市可持续发展的需求。

2. 原则

（1）科学性原则：基于数据分析和科学评估，确保规划的科学性和合理性。

（2）精细化原则：实现规划细节的精确控制和优化，提高规划的可行性和可操作性。

（3）智能化原则：利用人工智能技术，实现规划的自动化和智能化决策支持。

（二）加强数字化规划的数据基础

数据收集与整合：利用 GIS、遥感技术等手段，全面收集城市自然地理条件、生态环境状况、社会经济数据等信息，并进行整合和分析，为规划提供全面、准确的数据支持。

数据更新与维护：建立定期更新数据的机制，确保规划数据的时效性和准确性。同时，加强数据的安全管理和保护，防止数据泄露和滥用。

（三）推进数字化规划的技术应用

三维建模技术：利用三维建模技术构建城市的三维模型，模拟绿色基础设施的空间布局和景观效果。通过视觉分析和空间分析，评估不同规划方案对城市景观和生态环境的影响，选择最优的规划方案。

环境模拟软件：应用环境模拟软件模拟城市环境的物理过程，如气候变化、水文循环等。通过模拟分析，预测绿色基础设施对环境的潜在影响，为规划提供科学依据。

人工智能技术：利用人工智能技术对历史数据进行分析，预测未来趋势和潜在风险。在绿色基础设施规划中，人工智能技术可以应用于生态风险评估、资源优化配置等方面，为规划者提供前瞻性的指导。

（四）提升数字化规划的专业能力

培养专业人才：加强对城市规划专业人员的培训和教育，提高他们的数字化规划能力。同时，积极引进具有数字化规划背景的专业人才，为规划团队注入新的活力。

建立合作机制：加强与高校、科研机构等单位的合作，共同开展数字化规划的研究和实践。通过合作交流，借鉴先进经验和技术，提升城市绿色基础设施的数字化规划水平。

（五）优化数字化规划的公众参与

可视化展示：利用可视化技术将复杂的规划信息以直观、易懂的方式呈现给公众。通过三维模型、动画、虚拟现实等技术手段，向公众展示绿色基础设施的空间布局和景观效果，提高公众对规划方案的理解和接受度。

互动平台：搭建在线互动平台，邀请公众参与绿色基础设施规划的讨论和反馈。通过收集公众的意见和建议，了解公众需求和期望，提高规划的民主性和科学性。

（六）加强数字化规划的监管与评估

建立监管机制：加强对数字化规划过程的监管和管理，确保规划的合法性和合规性。同时，对规划实施过程进行监督和检查，确保规划的有效执行。

评估规划效果：建立科学的评估体系和方法，对数字化规划的效果进行定期评估。通过评估结果反馈到规划过程中进行改进和优化，不断提升数字化规划的水平。

第五节　数字城市设计的公众参与机制

一、公众参与在城市设计中的重要性

（一）公众参与的概念与内涵

公众参与，即公众在城市设计过程中通过一定的渠道和方式，表达自身意愿、提出建议并参与决策的行为。这里的"公众"包括城市居民、社会组织、专家学者等多元主体，而"参与"则涵盖了从信息获取、意见表达、协商讨论到决策制定的全过程。公众参与城市设计，不仅体现了民主决策的原则，也是实现城市设计目标、提高设计质量的关键环节。

（二）公众参与在城市设计中的重要性

公众参与城市设计，可以使设计过程更加民主化、科学化。通过广泛征求公众意见，设计团队能够更全面地了解居民的需求和期望，确保设计方案更加贴近实际、符合民意。同时，公众的参与还能促进设计团队与公众之间的沟通交流，形成良性的互动机制，使设计方案更加完善、合理。公众参与城市设计，有助于增强设计的可行性和可操作性。在设计过程中，公众往往能够提供一些宝贵的实践经验和建议，帮助设计团队更好地把握实际情况、解决具体问题。此外，公众的参与还能促进设计方案与现有城市环境的融合，减少设计实施过程中的阻力和困难。

城市设计不仅是物质空间的规划，更是城市文化的传承与发展。公众参与城市设计，可以使设计方案更好地体现城市的历史文化特色和地方特色。通过广泛征求公众意见，设计团队能够更深入地了解城市的历史文化背景和居民的文化需求，使设计方案更加符合城市的文化底蕴和发展方向。公众参与城市设计，能够增强居民对城市的认同感和归属感。通过参与设计过程，居民能够更深入地了解城市的规划理念和设计目标，感受到自己在城市建设中的主体地位和作用。这种参与感和归属感将激发居民更加积极地参与城市建设和管理，共同推动城市的繁荣发展。

公众参与城市设计，还有助于促进社会的和谐稳定与可持续发展。通过广泛征求公众意见并充分考虑各方利益诉求，设计团队能够制订出更加公正、合理的规划方案，减少社会矛盾和冲突。同时，公众的参与还能促进社会各界对城市设计的共同关注和支持，形成全社会共同参与城市建设的良好氛围。

（三）公众参与在城市设计中的实际操作

为了确保公众参与的顺利进行，需要建立完善的公众参与机制。这包括设立专门的公众参与机构或委员会、制定公众参与的流程和规则、明确公众参与的方式和渠道等。通过这些机制的建立，可以为公众参与提供制度保障和组织支持。信息公开和透明度是公众参与的前提条件。在城市设计过程中，需要充分公开设计方案、评估报告等相关信息，确保公众能够充分了解设计情况和问题。同时，还需要建立信息反馈机制，及时回应公众关切和意见。

为了吸引更多的公众参与城市设计过程，需要开展多种形式的公众参与活动。这包括召开听证会、座谈会、问卷调查、网络调查等。通过这些活动的开展，可以广泛征求公众意见、收集社情民意、促进设计团队与公众之间的沟通交流。

公众教育和培训是提高公众参与能力和水平的重要途径。通过加强公众教育和培训，可以提高公众对城市设计的认识和理解水平、增强公众的参与意识和能力。同时，还可以培养一批具备城市设计专业知识和技能的人才队伍，为城市设计提供智力支持和技术保障。

二、数字技术在公众参与机制中的应用

（一）数字技术在公众参与机制中的应用现状

数字技术为公众参与提供了丰富的信息发布和获取渠道。政府、企业等主体可以通过官方网站、社交媒体、移动应用等平台发布相关信息，公众则可以通过这些平台随时随地获取所需信息。这种信息发布的即时性和获取的便捷性，大大提高了公众参与的效率。数字技术还促进了公众与政府、企业等主体之间的互动交流。通过在线论坛、调查问卷、网络直播等方式，公众可以表达自己的意见和建议，参与公共事务的讨论和决策。这种互动交流的开放性和实时性，有助于增强公众对公共事务的关注和参与热情。

数字技术还能够对公众意见进行收集、整理和分析，为政府和企业提供决策支持。通过大数据分析技术，可以深入了解公众的需求和期望，为政策制定和项目实施提供科学依据。这种基于数据的决策方式，有助于提高决策的针对性和有效性。

（二）数字技术在公众参与机制中的优势

数字技术使得信息获取和互动交流更加便捷高效，公众可以随时随地参与到公共事务中来。同时，数字技术还能够快速收集和分析公众意见，为政府和企业提供及时的决策支持。数字技术通过提供多样化的参与方式和渠道，降低了公众参与的门槛和成本。这使更多的公众愿意参与到公共事务中来，表达自己的意见和建议。

数字技术使得信息发布和获取更加透明化，公众可以更加全面地了解公共事务的进展和决策过程。这有助于增强公众对政府和企业的信任度，提高公众参与的积极性。数字技术能够收集和分析大量的公众意见和数据，为政府和企业提供科学、客观的决策支持。这有助于优化决策过程，提高决策的科学性和合理性。

（三）数字技术在公众参与机制中的实践案例

在智慧城市建设项目中，数字技术被广泛应用于公众参与机制中。通过构建数字平台、移动应用等工具，政府可以收集和分析公众对城市规划、交通管理等方面的意见和建议，为项目决策提供科学依据。同时，公众也可以通过这些平台了解项目进展和决策过程，提出自己的建议和意见。

在环保政策制定过程中，数字技术也发挥了重要作用。政府可以通过在线调查、社交媒体等方式收集公众对环保问题的看法和建议，为政策制定提供参考。同时，数字技术还可以对公众意见进行数据分析，揭示公众对环保问题的关注点和期望值，为政策的制定提供科学依据。

三、如何建立有效的公众参与平台与流程

（一）建立有效公众参与平台的重要性

提升民主决策水平：通过公众参与平台，政府能够更全面地了解民意，确保决策的科学性和民主性。

增强公众信任感：公众能够直接参与公共事务的讨论和决策，增强对政府和公共政策的信任感。

促进社会和谐稳定：公众参与有助于减少社会矛盾和冲突，促进社会和谐稳定。

推动可持续发展：公众参与平台能够收集和分析公众对于可持续发展的意见和建议，为政策制定提供科学依据。

（二）建立有效公众参与平台的策略

1.明确平台定位与目标

定位：根据地区特点和实际需求，确定公众参与平台的定位，如城市规划、环境保护、社会服务等。

目标：设定明确的参与目标，如提高公众参与度、增强政策透明度、促进问题解决等。

2.设计专业化页面与功能

页面设计：采用简洁明了的界面设计，确保公众能够快速找到所需信息。

功能设置：提供信息浏览、意见反馈、在线交流等多种功能，满足公众的不同需求。

3. 制定信息发布与更新机制

定期发布：根据政策变化和社会热点，定期发布相关信息，确保公众能够及时了解最新动态。

及时更新：对平台上的信息进行实时更新，确保信息的准确性和时效性。

4. 建立互动反馈机制

设立意见箱：在平台上设立意见箱，方便公众提出意见和建议。

回复机制：对公众提出的问题和意见进行及时回复，确保公众的参与得到重视和关注。

（三）建立有效公众参与流程的关键步骤

1. 信息收集与整理

通过问卷调查、在线调查等方式收集公众意见和需求。

对收集到的信息进行整理和分析，形成具有参考价值的报告。

2. 议题设定与讨论

根据公众意见和需求设定议题，确保议题具有代表性和针对性。

组织专家、学者和公众代表进行议题讨论，形成初步的解决方案。

3. 决策制定与公布

在充分考虑公众意见的基础上制定决策，确保决策的科学性和民主性。

将决策结果及时公布在公众参与平台上，让公众了解政策走向和具体内容。

4. 监督评估与反馈

建立监督评估机制，对政策执行情况进行跟踪和评估。

收集公众对政策执行情况的反馈意见，及时调整和完善政策。

（四）确保公众参与平台与流程有效的保障措施

1. 加强组织领导与协调

成立专门的领导小组或工作小组，负责公众参与平台与流程的建设和管理。

加强与其他部门的协调与合作，确保平台与流程的顺畅运行。

2.强化技术支撑与安全保障

采用先进的技术手段对平台进行开发和维护，确保平台的稳定性和安全性。

加强对用户信息的保护和管理，确保用户隐私不被泄露。

3.加大宣传与推广力度

通过多种渠道对公众参与平台进行宣传和推广，提高公众的知晓度和参与度。

鼓励和支持社会各界参与平台建设和管理，形成共建、共治、共享的良好局面。

第六章 数字建筑设计与技术应用

第一节 数字建筑设计的理念与趋势

一、数字建筑设计的基本理念及其演变

（一）数字建筑设计的基本理念

数字建筑设计的基本理念在于利用先进的数字化技术，如计算机辅助设计软件（CAD）、建筑信息模型（BIM）等，来进行建筑设计和规划。这一理念的核心在于将建筑设计过程数字化、信息化，以实现更高效、更精确、更创新的设计目标。

数字化设计是数字建筑设计的基石。它通过使用数字化工具和技术，将建筑设计过程从手工绘图转变为计算机绘图，从而大大提高了设计效率。数字化设计可以精确地控制建筑的比例、尺寸、材料等要素，确保设计方案的准确性和可行性。

建筑信息模型（BIM）是数字建筑设计的另一个重要组成部分。BIM技术通过建立一个包含建筑全生命周期信息的三维模型，实现了信息的集成和共享。这一模型不仅可以用于设计阶段的碰撞检测、施工模拟等，还可以为后续的运维管理提供数据支持。

数字建筑设计强调协同设计的重要性。通过数字化平台，不同专业的设计师可以共享设计信息，进行实时交流和协作。这种协同设计方式不仅可以提高设计效率，还可以确保设计方案的专业性和全面性。

（二）数字建筑设计的演变过程

数字建筑设计的演变过程可以大致分为三个阶段：计算机辅助设计阶段、建筑信息模型阶段和智能设计阶段。

计算机辅助设计（CAD）技术的出现标志着数字建筑设计进入了第一个阶段。CAD技术通过引入计算机绘图工具，将建筑设计从手工绘图转变为计算机绘图，大大提高了设计效率。同时，CAD技术还提供了丰富的图形库和编辑工具，使得设计师能够更加方便地创建和修改设计方案。

随着BIM技术的兴起，数字建筑设计进入了第二个阶段。BIM技术通过建立一个包含建筑全生命周期信息的三维模型，实现了信息的集成和共享。这一模型不仅可以用于设计阶段的碰撞检测、施工模拟等，还可以为后续的运维管理提供数据支持。BIM技术的应用使得数字建筑设计从单一的图形设计转变为全面的信息管理。

随着人工智能、大数据等技术的不断发展，数字建筑设计正在向智能设计阶段迈进。在这一阶段，设计师可以利用智能化工具和技术，对设计方案进行智能分析和优化。例如，通过利用大数据技术对历史设计案例进行分析，可以预测未来设计趋势和市场需求；通过利用人工智能技术进行智能生成设计，可以快速生成符合要求的设计方案。智能设计阶段的到来将进一步提高数字建筑设计的效率和质量。

（三）数字建筑设计的未来发展

随着技术的不断进步和应用场景的不断拓展，数字建筑设计将继续朝着更高效、更智能、更绿色的方向发展。未来数字建筑设计将更加注重信息的集成和共享、协同设计的深化及智能化技术的应用。同时，随着绿色建筑和可持续发展理念的普及，数字建筑设计也将更加注重环保和节能的设计目标。

二、当前数字建筑设计的主要趋势与特点

（一）数字建筑设计的主要趋势

实时协作是数字建筑设计中最重要的趋势之一。传统的建筑设计往往受限于地域和时间的限制，而数字化技术打破了这一限制，使得设计师可以在全球范围

内进行实时协作。无论身处何地，设计师都可以通过云平台、在线协作工具等方式，共同修改、审查和改进设计方案。这种实时协作的方式大大提高了设计效率，使得设计团队能够更快地响应客户需求和市场变化。

BIM 是数字建筑设计的另一个重要趋势。BIM 技术通过建立三维数字模型，集成了建筑、结构、机电等多个专业的信息，为设计师提供了一个全面的设计平台。BIM 技术不仅可以提高设计质量，减少设计错误，还可以实现施工过程的数字化管理，优化施工进度和材料使用。此外，BIM 技术还可以为建筑运维提供数据支持，实现建筑全生命周期的管理。随着人工智能技术的不断发展，智能化设计已成为数字建筑设计的又一重要趋势。智能化设计利用人工智能技术对大量设计数据进行学习和分析，自动优化设计方案，提高设计效率和质量。例如，智能设计软件可以根据用户需求自动生成多个设计方案供选择；智能评估系统可以对设计方案进行自动评估和优化。智能化设计将使建筑设计更加高效、精确和智能。

在全球气候变化的背景下，绿色设计已成为数字建筑设计的重要趋势。绿色设计强调在建筑设计过程中充分考虑环境因素，通过采用节能、减排、循环利用等手段，降低建筑对环境的影响。数字建筑设计通过引入绿色建筑评估系统、绿色建筑材料库等工具，为设计师提供了更加便捷和精确的绿色设计手段。

（二）数字建筑设计的特点

数字建筑设计通过引入数字化技术和工具，大大提高了设计效率。设计师可以快速生成、修改和评估设计方案，减少了设计周期和成本。此外，数字建筑设计还可以实现设计过程的数字化管理，提高设计团队的协作效率。数字建筑设计利用数字化技术和工具进行精确测量和计算，确保设计方案的准确性和可行性。数字建筑设计可以避免传统设计中可能出现的尺寸误差、材料浪费等问题，提高建筑质量和安全性。

数字建筑设计为设计师提供了更多的创意空间。设计师可以利用数字化工具和技术，创造出更加独特、美观和实用的建筑形态。此外，数字建筑设计还可以引入新的设计理念和方法，推动建筑设计的创新和发展。数字建筑设计强调在建筑设计过程中充分考虑环境因素和社会因素，实现建筑的可持续发展。数字建筑设计可以通过采用绿色建筑技术、节能减排措施等手段，降低建筑对环境的影响；

同时，数字建筑设计还可以考虑社会因素，如文化、历史、经济等，实现建筑与社会的和谐发展。

三、数字建筑设计在建筑行业中的影响与价值

（一）数字建筑设计对建筑行业的影响

数字建筑设计利用计算机辅助设计软件（CAD）、建筑信息模型（BIM）等先进工具，实现了设计过程的数字化和自动化。这些工具不仅大大提高了设计效率，缩短了设计周期，还通过精确的测量和计算，确保了设计方案的准确性和可行性。具体来说，CAD软件可以快速生成、修改和输出设计图纸，减少了手工绘图的时间和错误率；BIM技术则通过建立三维数字模型，集成了建筑、结构、机电等多个专业的信息，实现了设计信息的共享和协同工作。这种数字化设计方式不仅提高了设计效率，还降低了设计成本，为建筑项目的顺利实施奠定了基础。

数字建筑设计通过引入智能化技术，可以对设计方案进行智能分析和优化。例如，利用大数据分析技术，可以对历史设计案例进行挖掘和分析，为当前设计提供数据支持和参考；利用人工智能技术，可以对设计方案进行自动评估和优化，提高设计质量。此外，数字建筑设计还可以实现设计方案的虚拟模拟和可视化展示。通过模拟施工过程和建筑性能，可以及时发现潜在问题和风险，为设计方案的优化和决策提供有力支持。这种基于数据分析和模拟的设计方式，使得设计方案更加科学、合理和可行。

数字建筑设计不仅提高了设计效率和质量，更给设计理念和方法带来了深刻的变革。通过引入数字化技术，建筑设计可以更加关注用户需求和市场变化，实现设计的个性化和差异化。同时，数字建筑设计还可以引入新的设计理念和方法，推动建筑行业的创新与发展。例如，绿色建筑、智能建筑等新型建筑形态的出现，都与数字建筑设计的推动密不可分。数字建筑设计通过引入绿色建筑评估系统、智能建筑管理系统等工具，为这些新型建筑形态的实现提供了技术支持和保障。这些新型建筑形态不仅满足了用户对高品质生活的追求，也推动了建筑行业的可持续发展。

数字建筑设计打破了传统建筑设计的局限，促进了跨行业合作与交流。通过

引入数字化技术，建筑设计可以与其他行业进行深度融合和互动，实现资源共享和优势互补。例如，在建筑设计过程中，可以引入机械、电子、材料等其他行业的技术和产品，实现建筑功能的多样化和智能化。同时，数字建筑设计还可以促进建筑行业与互联网、大数据、人工智能等新兴技术的融合和应用，推动建筑行业的数字化转型和升级。

（二）数字建筑设计的价值体现

数字建筑设计通过精确的测量和计算，确保了设计方案的准确性和可行性。这种数字化设计方式可以避免传统设计中可能出现的尺寸误差、材料浪费等问题，提高建筑质量和安全性。同时，数字建筑设计还可以实现施工过程的数字化管理，优化施工进度和材料使用，进一步提高建筑质量和效率。

数字建筑设计更加关注用户需求和市场变化，通过引入智能化技术和个性化设计，使建筑具有了舒适性和便捷性。例如，智能建筑可以通过智能化管理系统实现自动调节室内温度、湿度等环境参数，提高用户的居住体验；绿色建筑则通过采用环保材料和节能技术，降低建筑对环境的影响，提升用户的环保意识和满意度。

数字建筑设计强调在建筑设计过程中充分考虑环境因素和社会因素，实现建筑的可持续发展。通过引入绿色建筑评估系统、智能建筑管理系统等工具，数字建筑设计为建筑行业的可持续发展提供了技术支持和保障。这种基于数字化技术的可持续发展方式，不仅有助于减少建筑对环境的影响，还有助于推动建筑行业的绿色转型和升级。

第二节　建筑信息模型与协同设计

一、建筑信息模型（BIM）的基本原理及其在建筑设计中的应用

随着信息技术的快速发展，建筑信息模型（Building Information Modeling，

简称 BIM）作为一种新兴的技术手段，已经在建筑行业中得到了广泛的应用。BIM 技术以三维模型为基础，集成了建筑项目的各项信息，通过数字化技术实现信息的共享和协同工作，极大地提高了建筑设计的效率和质量。

（一）BIM 的基本原理

BIM 技术的基本原理主要包括以下几个方面：

BIM 技术的核心在于建筑信息的集成和共享。通过 BIM 软件，可以将建筑项目的各种数据（如几何尺寸、材料属性、施工信息等）集成到一个统一的数字化模型中，实现信息的共享和协同工作。这种集成方式避免了信息的重复录入和不一致性，提高了项目的整体效率。BIM 技术采用参数化建模技术，即通过设定参数来生成建筑模型。这种建模方式使得设计过程中可以对建筑模型进行方便的修改和调整，减少了设计的时间和成本。同时，参数化建模也使建筑模型具有更强的灵活性和可变性，能够更好地适应不同的设计需求。

BIM 技术可以将建筑模型可视化，使得设计师和工程师能够更好地理解和沟通设计意图。通过 BIM 技术，可以生成逼真的三维渲染图、动画和虚拟现实场景，使得设计成果更加直观和易于理解。此外，BIM 技术还可以进行各种仿真分析（如结构分析、能耗分析、碰撞检测等），以提前发现和解决设计中的问题。BIM 技术支持多专业、多领域的协同工作。通过 BIM 软件，建筑师、结构工程师、机电工程师等不同专业的人员可以在同一个平台上共享建筑信息，实时交流和合作。这种协同工作方式使得设计过程更加高效和协同，提高了设计的整体质量。

（二）BIM 在建筑设计中的应用

BIM 技术在建筑设计中的应用广泛而深入，主要体现在以下几个方面：

在方案设计阶段，BIM 技术可以帮助设计师快速生成三维模型，实现设计意图的直观表达。通过 BIM 技术，设计师可以方便地进行设计修改和调整，优化设计方案。同时，BIM 技术还可以进行方案比较和评估，为设计师提供决策支持。在初步设计阶段，BIM 技术可以基于三维模型进行深化设计，满足施工图设计深度要求。通过 BIM 技术，可以生成详细的施工图纸和工程量清单，为施工提供准确的数据支持。此外，BIM 技术还可以进行初步的结构分析和能耗分析，为设计提供科学依据。

在施工图设计阶段，BIM 技术可以确保机电系统功能和要求与装修设计的吊顶高度相匹配。通过 BIM 技术，可以进行管线综合设计、碰撞检测等工作，避免施工过程中的返工和修改。同时，BIM 技术还可以进行绿色建筑和节能设计，降低建筑对环境的影响。BIM 技术支持协同设计，使得不同专业的人员可以在同一个平台上共享建筑信息，实时交流和合作。通过 BIM 技术，可以消除信息孤岛，避免信息不一致和冲突。同时，BIM 技术还可以实现设计过程的数字化管理，提高设计的整体效率和质量。

BIM 技术可以自动提取建筑模型中的工程量信息，进行快速准确的工程量统计和预算。这种统计方式不仅提高了预算的准确性和效率，还可以避免人工统计中的错误和遗漏。BIM 技术可以与绿色建筑评估系统相结合，对设计方案进行绿色评估。通过 BIM 技术，可以方便地提取建筑模型中的绿色信息（如节能材料、可再生能源利用等），进行绿色性能分析和评估。这种评估方式有助于设计师在设计过程中充分考虑环境因素，实现建筑的可持续发展。

二、协同设计在数字建筑设计中的重要性及其实施方法

在数字化时代，建筑设计行业正经历着前所未有的变革。数字建筑设计通过引入先进的计算机辅助设计软件和技术，极大地提高了设计效率和质量。然而，随着项目规模和复杂性的增加，传统的独立设计模式已无法满足现代建筑设计的需求。协同设计作为一种新的设计模式，在数字建筑设计中扮演着越来越重要的角色。

（一）协同设计在数字建筑设计中的重要性

协同设计是一种多专业、多领域人员共同参与、协作完成建筑设计的模式。在数字建筑设计中，协同设计的重要性主要体现在以下几个方面：

协同设计通过集中多个专业团队在一个平台上进行协作，避免了信息孤岛和重复工作。设计师可以实时共享设计信息、交流设计思路，从而快速发现并解决问题。这种高效的信息交流方式使得设计过程更加顺畅，缩短了设计周期，提高了设计效率。协同设计允许多个专业团队共同参与设计过程，从各自的专业角度出发提出优化建议。这种跨专业的交流有助于发现潜在的设计问题，提出更为合

理的解决方案。同时，协同设计还可以促进不同专业设计人员之间的互相学习和借鉴，提高整个设计团队的专业水平。

协同设计通过实时共享设计信息，避免了设计过程中的信息冗余和错误。设计师可以及时发现并纠正错误，减少了后期修改和返工的成本。此外，协同设计还可以优化设计方案，降低建筑材料的浪费和能源消耗，从而降低整个项目的成本。协同设计强调团队合作和共同决策，使得设计方案更加全面、合理。设计师在协同设计过程中可以充分考虑不同专业的需求和限制，确保设计方案的可行性和可靠性。此外，协同设计还可以提高设计方案的灵活性和可变性，更好地适应项目需求的变化。

（二）协同设计的实施方法

协同设计的实施需要一套完整的方法和流程来支持。以下是一些常见的协同设计实施方法：

协同设计平台是协同设计的基础，它提供了一个集中管理设计信息的环境。设计师可以在平台上共享设计文件、交流设计思路、协作完成设计任务。协同设计平台需要具备高度的安全性和稳定性，以确保设计信息的安全和可靠。协同设计规范是确保协同设计顺利进行的重要保障。规范中应明确设计信息的命名、分类、存储和共享方式，以及设计师之间的协作流程和沟通方式。制定协同设计规范有助于减少信息交流的障碍和误解，提高设计效率和质量。

团队协作是协同设计的核心。设计师需要具备良好的沟通能力和团队协作精神，以便在协同设计过程中共同解决问题、优化设计方案。此外，设计团队还需要建立有效的沟通机制和协作流程，以确保设计信息的及时传递和反馈。数字化工具是协同设计的重要支撑。设计师可以利用计算机辅助设计软件、建筑信息模型（BIM）等工具进行协同设计。这些工具可以实时共享设计信息、进行碰撞检测、自动生成施工图纸等，提高设计效率和质量。同时，数字化工具还可以支持远程协作和移动办公，使得设计师可以随时随地参与设计过程。

协同设计是一个持续改进和优化的过程。设计师需要不断总结经验教训、发现问题并提出改进方案。此外，设计团队还需要关注新技术和新方法的发展动态，将其引入到协同设计过程中以提高设计效率和质量。

三、如何利用 BIM 技术进行高效的建筑设计协同工作

（一）BIM 技术概述

BIM 技术是一种基于三维数字模型的建筑设计方法，它将建筑项目的各种信息（如几何尺寸、材料属性、施工信息等）集成到一个统一的数字化模型中，实现信息的共享和协同工作。BIM 技术具有可视化、参数化、可模拟性等特点，能够支持建筑设计的全生命周期管理。

（二）BIM 技术在建筑设计协同工作中的应用

BIM 技术为建筑设计协同工作提供了一个统一的数据平台。在这个平台上，所有参与设计的人员可以实时共享设计信息，包括建筑模型、图纸、材料清单等。这种信息共享方式打破了传统设计中信息孤岛的问题，使得设计团队能够更加高效地进行协作。BIM 技术通过实时更新和同步设计信息，使得设计团队成员能够实时了解设计进展和变化。设计师可以通过 BIM 软件中的注释、标记等功能，在模型上直接进行沟通和协作。此外，BIM 技术还支持在线会议、远程协作等功能，使得设计团队能够跨越地域限制进行高效的协作。

BIM 技术可以对建筑模型进行碰撞检测，提前发现设计中可能存在的问题和冲突。这种碰撞检测可以自动进行，减少了人工检查的时间和成本。同时，BIM 技术还可以根据碰撞检测结果进行优化设计，避免后期施工中的返工和修改。BIM 技术可以支持绿色设计和可持续性评估。设计师可以利用 BIM 软件中的分析工具，对建筑模型进行能耗分析、碳排放计算等评估工作。这些评估结果可以为设计师提供科学依据，指导他们进行更加环保和可持续的设计。

（三）如何利用 BIM 技术进行高效的建筑设计协同工作

首先，需要组建一个具备 BIM 技能和协同工作能力的团队。这个团队应该包括建筑师、结构工程师、机电工程师等不同专业的人员，以确保设计过程中各个专业的协同工作。同时，团队成员应该接受 BIM 技术的培训，掌握 BIM 软件的基本操作和协同工作方法。为了确保 BIM 协同工作的顺利进行，需要制定一套完善的协同工作规范。规范中应该明确设计信息的命名、分类、存储和共享方式，以及设计团队之间的协作流程和沟通方式。这有助于减少信息交流的障碍和

误解，提高设计效率和质量。

选择一款合适的 BIM 软件是进行高效协同工作的关键。在选择软件时，应该考虑软件的性能、稳定性、易用性以及与其他软件的兼容性等因素。同时，还需要根据设计项目的需求和特点，选择适合的 BIM 软件版本和模块。为了提高设计效率和质量，可以建立 BIM 模型中心库。中心库中存储了常用的建筑构件、材料和设备等模型，设计师可以直接调用这些模型进行设计。这样不仅可以减少重复建模的工作量，还可以确保设计信息的一致性和准确性。

在 BIM 协同工作过程中，应该实时监控设计进度和质量，并及时进行反馈。设计师可以通过 BIM 软件中的进度管理工具，实时了解设计任务的完成情况。同时，还需要对设计成果进行质量检查，确保设计满足相关标准和要求。对于发现的问题和错误，应该及时进行修改和完善。BIM 协同工作是一个持续优化和改进的过程。设计师应该不断总结经验教训，发现问题并寻求改进方案。同时，还需要关注新技术和新方法的发展动态，将其引入 BIM 协同工作以提高设计效率和质量。

第三节　参数化设计与建筑形态创新

一、参数化设计的基本概念及其在建筑设计中的应用

（一）参数化设计的基本概念

1. 定义

参数化设计是将工程本身编写为函数与过程，通过修改初始条件并经计算机计算得到工程结果的设计过程，实现设计过程的自动化。它主要依赖于计算机辅助设计软件（CAD）和建筑信息模型（BIM）技术，将建筑设计中的各个元素和参数进行数字化处理，实现设计的智能化和自动化。

2. 组成部分

参数化设计主要包括两个关键部分：参数化图元和参数化修改引擎。

参数化图元：在参数化设计中，图元是以构件的形式出现，这些构件之间的不同是通过参数的调整反映出来的。参数保存了图元作为数字化建筑构件的所有信息，包括尺寸、形状、材料等属性。

参数化修改引擎：这是一个关键的组成部分，它提供了参数更改技术，使用户对建筑设计或文档部分做的任何改动都可以自动地在其他相关联的部分反映出来。这种智能建筑构件、视图和注释符号的互相关联性，使得每一个构件都通过一个变更传播引擎相互关联。

3.设计原理

参数化设计的本质是在可变参数的作用下，系统能够自动维护所有的不变参数。设计人员根据工程关系和几何关系来指定设计要求，通过调整参数来驱动设计模型的生成和修改。参数化模型表示了零件图形的几何约束和工程约束，包括结构约束和尺寸约束，确保设计结果的准确性和合理性。

（二）参数化设计在建筑设计中的应用

传统的建筑设计过程需要设计师手动绘制和修改图纸，耗费大量时间和精力。而参数化设计通过建立参数模型，实现对设计元素的自动化生成和修改。设计师只需要调整参数，系统就可以自动计算和生成相应的设计方案。这种设计方式不仅节省了时间，还减少了设计错误和重复劳动，大大提高了设计效率。

参数化设计通过计算机模拟和优化，实现对设计方案的精确控制和创新发展。设计师可以通过调整参数，实时查看设计效果，并根据需要进行修改和优化。这种设计方式能够更好地满足建筑功能和美学要求，实现更加精确和创新的设计。例如，在复杂形体和曲面结构的设计中，参数化设计可以通过算法和函数关系，生成符合设计要求的复杂形态，打破传统设计的限制。

参数化设计允许多个专业团队共同参与设计过程，从各自的专业角度出发提出优化建议。这种跨专业的交流有助于发现潜在的设计问题，提出更为合理的解决方案。同时，参数化设计还可以根据设计目标和约束条件，自动优化设计方案，提高设计的可行性和经济性。参数化设计提供了丰富的设计信息和可视化工具，支持设计师在设计过程中进行决策。设计师可以通过参数化模型，直观地了解设计方案的效果和性能，并根据需要进行调整和优化。这种基于数据的决策方式，使得设计决策更加科学、合理和可靠。

参数化设计鼓励设计师采用新的设计方法和思路，推动设计创新。通过参数化设计，设计师可以探索新的设计形式、材料和结构，打破传统设计的束缚，实现设计的多样性和个性化。这种创新性的设计方式，有助于推动建筑设计的不断发展和进步。

二、参数化设计在推动建筑形态创新方面的作用

随着数字化技术的飞速发展，参数化设计作为一种新兴的建筑设计方法，正在逐步改变传统的建筑设计理念和流程。它通过将工程本身编写为函数与过程，实现设计过程的自动化，极大地提高了设计的效率和灵活性。特别是在推动建筑形态创新方面，参数化设计展现出了其独特的优势和作用。

（一）参数化设计概述

参数化设计是将工程本身编写为函数与过程，通过修改初始条件并经计算机计算得到工程结果的设计过程。在建筑设计领域，参数化设计主要依赖于先进的建模和仿真工具，允许设计师通过调整参数来快速生成多个设计概念，实时查看结果，并迅速生成多个设计方案。这种设计方法使得设计过程更加灵活、高效，有助于设计师探索更多前所未有的形态设计。

（二）参数化设计在推动建筑形态创新方面的作用

参数化设计允许建筑师使用参数化的模型，通过调整参数来改变建筑形态。这种灵活性使得建筑师能够更好地适应不同的设计需求，实现更加个性化的设计。与传统的静态设计方法相比，参数化设计能够生成更多样化的建筑形态，为城市景观增添更多的变化和活力。参数化设计基于算法和参数化规则，允许设计师创建灵活、可调整和高度可定制的建筑模型。通过调整参数，设计师可以探索更多前所未有的形态设计，打破传统建筑设计的局限。这种创新性的设计方法有助于推动建筑形态的创新和发展，为建筑行业注入新的活力。

参数化设计可以将环境分析数据直接深化并参与到建筑设计中，以更加系统和数据化的方式来控制建筑形态、空间转折、立面开窗及交通流线。通过整合日照分析、风环境分析等数据，设计师可以更加科学地优化建筑形态，提高建筑的

舒适性和节能性。这种基于数据的设计方法有助于实现可持续发展的建筑设计目标。参数化设计实现了设计过程的自动化,大大提高了设计的效率。设计师可以通过调整参数快速生成多个设计方案,并进行实时比较和优化。此外,参数化设计还能够确保设计的一致性和准确性,减少设计错误和返工的可能性。这种高效、准确的设计方法有助于提高设计质量,满足业主和用户的需求。

参数化设计涉及多个学科的知识和技术,如数学、计算机科学、建筑学等。这种多学科交叉融合的设计方法有助于打破学科壁垒,促进不同领域之间的交流和合作。通过整合不同学科的知识和技术,设计师可以创造出更加独特、创新的建筑形态,推动建筑行业的进步和发展。

三、参数化设计在实际建筑项目中的应用与效果评估

近年来,随着计算机技术的飞速发展,参数化设计作为一种新兴的设计方法,已经在建筑领域得到了广泛的应用。参数化设计通过定义参数和规则,使得建筑设计的各个方面都可以实现自动化和智能化,大大提高了设计效率和质量。

(一)参数化设计的基本概念与原理

顾名思义,参数化设计是通过参数来调整和控制设计结果的一种设计方法。在建筑设计中,参数化设计将建筑设计的各个要素(如尺寸、材料、形状等)转化为参数,并通过调整这些参数来生成不同的设计方案。参数化设计依赖于强大的计算机算法和建模技术,可以实现设计的自动化和智能化,大大提高设计的效率和精度。

(二)参数化设计在实际建筑项目中的应用

在建筑设计阶段,参数化设计主要用于生成初步的设计方案。设计师可以通过参数化设计软件,快速创建多个设计方案,并对它们进行评估和优化。参数化设计可以帮助设计师快速捕捉设计灵感,并将其转化为具体的设计方案。此外,参数化设计还可以帮助设计师进行方案的比较和选择,确保最终的设计方案满足项目需求。在施工图设计阶段,参数化设计主要用于生成精确的施工图纸。通过参数化设计软件,设计师可以将建筑设计的各个要素(如尺寸、材料、结构等)转化为参数,并自动生成施工图纸。这种方法可以大大提高施工图设计的精度和

效率，减少设计错误和返工率。同时，参数化设计还可以实现设计的快速修改和更新，确保施工图的准确性和及时性。

在施工阶段，参数化设计主要用于实现建筑施工的自动化和智能化。通过参数化设计软件，施工团队可以获取精确的建筑信息，包括尺寸、材料、结构等，从而实现施工的精确控制和优化。此外，参数化设计还可以帮助施工团队进行进度管理和质量控制，确保施工过程的顺利进行和最终建筑的质量。

（三）参数化设计在实际建筑项目中的效果评估

参数化设计通过自动化和智能化的方式，大大提高了建筑设计的效率。设计师可以快速地创建多个设计方案，并进行评估和优化。与传统的设计方法相比，参数化设计可以大大缩短设计周期，提高设计效率。这有助于设计师更好地应对快速变化的市场需求和客户期望。参数化设计通过精确的参数控制和建模技术，提高了建筑设计的精度和质量。设计师可以准确地控制建筑的尺寸、形状、结构等要素，确保设计方案的可行性和可靠性。此外，参数化设计还可以帮助设计师进行方案的比较和选择，确保最终的设计方案满足项目需求。

参数化设计在施工阶段的应用，也大大提升了施工效率。施工团队可以获取精确的建筑信息，实现施工的精确控制和优化。此外，参数化设计还可以帮助施工团队进行进度管理和质量控制，确保施工过程的顺利进行和最终建筑的质量。参数化设计通过优化设计方案和施工过程，有助于实现成本控制的优化。设计师可以通过参数化设计软件，快速生成多个设计方案，并进行成本估算和比较。这有助于设计师选择成本最优的设计方案，降低建筑成本。同时，参数化设计还可以帮助施工团队实现精确的材料采购和施工安排，进一步降低施工成本。

第四节　绿色建筑与节能技术的融合

一、绿色建筑的基本理念及其与节能技术的关联

随着全球环境问题的日益严重，绿色建筑作为一种新型的建筑理念和实践方

式，已经受到了广泛的关注和重视。绿色建筑不仅关注建筑本身的质量和美观，更加注重建筑与自然环境的和谐共生，以及建筑在使用过程中对能源的节约和环境的保护。

（一）绿色建筑的基本理念

绿色建筑的基本理念是"节约资源、保护环境，为人们提供健康、舒适、高效的使用空间"。这一理念贯穿于建筑的全寿命周期内，包括建筑的设计、施工、使用、维护及拆除等各个阶段。具体来说，绿色建筑的基本理念可以归纳为以下几个方面：

绿色建筑强调在建筑的全寿命周期内最大限度地节约资源，包括节能、节地、节水、节材等。通过优化建筑设计、采用高效节能的建筑材料和设备、实施绿色施工等措施，实现对资源的合理利用和高效利用。绿色建筑注重建筑与自然环境的和谐共生，通过减少对环境的负面影响，保护生态系统的平衡和稳定。这包括在建筑设计和施工过程中避免对自然环境的破坏，采用可再生能源和清洁能源，减少建筑废弃物的产生和排放等。

绿色建筑关注人的需求和感受，通过优化室内环境设计、采用环保建材和装饰材料、实施智能化管理等措施，为人们提供健康、舒适、高效的使用空间。同时，绿色建筑还注重建筑的适用性和灵活性，以满足不同人群和不同使用需求的变化。

（二）绿色建筑与节能技术的关联

绿色建筑与节能技术之间存在着密切的关联。节能技术是绿色建筑实现其基本理念的重要手段和途径之一。具体来说，绿色建筑与节能技术的关联可以归纳为以下几个方面：

节能技术在绿色建筑中的应用非常广泛，包括节能建筑设计、节能建筑材料、节能施工技术、节能设备等多个方面。例如，在建筑设计阶段，通过优化建筑布局、提高建筑保温隔热性能、采用可再生能源等措施，实现建筑的节能设计；在施工阶段，通过采用绿色施工技术、减少施工废弃物等措施，实现绿色施工；在使用阶段，通过采用智能化管理系统、高效节能设备等措施，实现建筑的节能运行。

节能技术的应用对绿色建筑的影响是显著的。首先，节能技术的应用可以降低建筑的能耗和碳排放，减轻对环境的压力；其次，节能技术的应用可以提高建筑的使用效率和舒适度，满足人们对高品质生活的需求；最后，节能技术的应用还可以促进建筑行业的可持续发展，推动建筑产业的转型升级。

绿色建筑与节能技术之间存在着相互促进的关系。一方面，绿色建筑需要借助节能技术来实现其节约资源、保护环境的基本理念；另一方面，节能技术的发展也需要绿色建筑的推动和支撑。通过绿色建筑的实践和应用，可以不断推动节能技术的创新和发展；同时，节能技术的进步也可以为绿色建筑提供更多的技术支持和解决方案。

二、节能技术在绿色建筑中的应用及其效果评估

（一）节能技术在绿色建筑中的应用

节能技术在绿色建筑中的应用涉及多个方面，包括建筑设计、建筑材料、建筑设备、建筑运行管理等。

1.建筑设计阶段的节能技术应用

在建筑设计阶段，节能技术的应用主要体现在以下几个方面：

（1）优化建筑布局和朝向：通过合理的建筑布局和朝向设计，充分利用自然光、自然风等自然资源，减少建筑对能源的依赖。

（2）提高建筑保温隔热性能：采用高效保温隔热材料和技术，降低建筑能耗，提高室内舒适度。

（3）利用可再生能源：在建筑设计中考虑太阳能、风能等可再生能源的利用，如安装太阳能光伏发电系统、风力发电系统等。

2.建筑材料阶段的节能技术应用

在建筑材料方面，节能技术的应用主要体现在以下几个方面：

（1）使用节能型建筑材料：选择具有优异保温隔热性能、低能耗、环保的材料，如节能型玻璃、节能型墙体材料等。

（2）应用绿色建材：采用可循环、可再生、低污染的绿色建材，减少建筑废弃物的产生和排放。

（3）优化建筑构造：通过优化建筑构造设计，减少材料的使用量，降低建筑成本。

3.建筑设备阶段的节能技术应用

在建筑设备方面，节能技术的应用主要体现在以下几个方面：

（1）采用高效节能设备：如高效节能空调、照明系统、电梯等，降低设备能耗。

（2）实施智能化管理：通过智能化管理系统，实现设备的自动控制和优化运行，提高设备使用效率。

（3）利用清洁能源：在建筑设备中采用清洁能源，如太阳能热水器、地源热泵等，减少对传统能源的依赖。

4.建筑运行管理阶段的节能技术应用

在建筑运行管理阶段，节能技术的应用主要体现在以下几个方面：

（1）实施绿色运维：通过绿色运维管理，实现建筑的节能减排和环境保护。

（2）开展能源审计：定期对建筑进行能源审计，分析建筑能耗情况，提出改进措施。

（3）加强宣传教育：通过宣传教育，提高人们的节能意识和环保意识，促进绿色建筑和节能技术的普及和应用。

（二）节能技术在绿色建筑中的效果评估

为了评估节能技术在绿色建筑中的应用效果，需要采用科学的方法和指标。下面将从节能效果、环境效益、经济效益等方面进行评估。

节能效果评估是评估节能技术在绿色建筑中应用效果的重要指标之一。通过对比采用节能技术和未采用节能技术的建筑能耗数据，可以评估节能技术的节能效果。一般来说，采用节能技术的建筑在能耗方面会有显著降低，具体降低幅度取决于节能技术的种类和应用程度。

环境效益评估是评估节能技术在绿色建筑中应用效果的一个重要指标。通过评估建筑在使用过程中对环境的影响，可以评估节能技术的环境效益。具体来说，可以评估建筑在使用过程中的碳排放量、空气污染物排放量、水资源消耗量等指标。采用节能技术的建筑在环境效益方面会有显著提升，如降低碳排放量、减少空气污染物排放等。

经济效益评估是评估节能技术在绿色建筑中应用效果的另一个重要指标。通过评估节能技术的投资回报率、节能收益等指标，可以评估节能技术的经济效益。一般来说，虽然节能技术的初期投资可能会较高，但由于其能够显著降低建筑能耗和运行成本，因此长期来看其经济效益是显著的。此外，随着国家对绿色建筑和节能技术的支持力度不断加大，相关政策和补贴措施也将为节能技术的应用带来更多的经济效益。

三、如何实现绿色建筑与节能技术的有效融合

（一）绿色建筑与节能技术的关系

绿色建筑与节能技术之间存在着密切的关系。绿色建筑是实现节能技术应用的载体，而节能技术则是绿色建筑实现其目标的重要手段。绿色建筑在设计、施工、运行等各个阶段都需要考虑节能技术的应用，以实现建筑的节能减排和环境保护。同时，节能技术的应用也需要结合绿色建筑的设计理念，确保技术的适用性和效果。

（二）实现绿色建筑与节能技术有效融合的策略

为了实现绿色建筑与节能技术的有效融合，首先需要制定融合策略。该策略应明确绿色建筑与节能技术的关系、目标、任务和实施路径。具体来说，应明确绿色建筑的设计理念和目标，确定节能技术的应用范围和重点，以及制订具体的实施计划和措施。绿色建筑与节能技术的融合需要不断加强研发和创新。通过研发新型建筑材料、节能设备和技术，以及优化建筑设计和施工方法等途径，不断提高绿色建筑和节能技术的水平。同时，还应加强国际合作和交流，引进国外先进的绿色建筑和节能技术，推动国内建筑行业的绿色转型。

标准化和规范化是实现绿色建筑与节能技术有效融合的重要保障。通过制定和完善绿色建筑和节能技术的相关标准和规范，明确各项指标和要求，确保建筑在设计、施工、运行等各个阶段都能达到节能减排和环境保护的目标。同时，还应加强标准的宣传和培训，提高建筑行业从业人员的节能意识和技能水平。

绿色建筑与节能技术的融合需要市场的支持和推动。通过制定相关政策和措施，鼓励和支持绿色建筑和节能技术的研发、生产和应用。同时，还应加强绿色

建筑和节能技术的市场推广和宣传，提高公众对绿色建筑和节能技术的认知度和接受度。此外，还应推动绿色建筑和节能技术的产业化发展，形成完整的产业链和生态圈，提高整个行业的竞争力和可持续发展能力。为了确保绿色建筑与节能技术的有效融合，需要加强对建筑能耗和环境影响的监测和评估。通过定期监测建筑能耗、碳排放量、空气质量等指标，及时发现和解决存在的问题。同时，还应建立完善的评估体系和方法，对绿色建筑和节能技术的实施效果进行客观评价和分析。这将有助于发现不足和改进方向，推动绿色建筑与节能技术的持续优化和发展。

（三）绿色建筑与节能技术融合的具体实践

在建筑设计阶段，应注重绿色建筑与节能技术的融合。通过优化建筑布局和朝向、提高建筑保温隔热性能、利用可再生能源等措施，实现建筑的节能减排。同时，还应考虑建筑的使用功能和需求，确保建筑在满足人们舒适、健康需求的同时，实现能源的节约和环境的保护。在建筑材料方面，应注重选择具有优异保温隔热性能、低能耗、环保的材料。同时，还应加强新型绿色建材的研发和应用，推动建筑材料的绿色转型。此外，还应注重建筑材料的循环使用和废弃物的资源化利用，减少建筑废弃物的产生和排放。

在建筑设备方面，应注重采用高效节能的设备和技术。通过智能化管理系统实现设备的自动控制和优化运行，提高设备使用效率。同时，还应注重设备的维护和保养工作，确保设备在长期使用过程中能够保持稳定的性能和效率。

在建筑运行管理阶段，应注重实施绿色运维管理。通过加强能源审计、开展节能宣传教育等措施，提高人们的节能意识和参与度。同时，还应加强建筑能耗和环境影响的监测和评估工作，及时发现问题并采取措施加以解决。

第五节　智能建筑与可持续性的实践

一、智能建筑的基本概念及其在可持续性方面的优势

（一）智能建筑的基本概念

智能建筑也称为智能化建筑或智慧建筑，是指通过综合运用现代科学技术，将建筑的结构、系统、服务和管理等功能进行最优化组合，从而为用户提供一个高效、舒适、便利的人性化建筑环境。智能建筑的技术基础主要包括现代建筑技术、现代计算机技术、现代通信技术和现代控制技术。

具体来说，智能建筑主要具备以下几个方面的特点：

智能化控制：智能建筑通过安装各种传感器和智能设备，可以实时监测和控制建筑内的各种设施和设备，如照明、空调、电梯等，实现智能化管理。

信息化服务：智能建筑能够提供丰富的信息化服务，如信息发布、视频会议、远程监控等，满足用户多样化的需求。

安全性保障：智能建筑具备完善的安全系统，能够实时监测和应对各种安全威胁，保障用户的安全。

节能环保：智能建筑通过优化设计和采用节能技术，实现能源的高效利用和环境的保护。

（二）智能建筑在可持续性方面的优势

智能建筑在可持续性方面的优势主要体现在以下几个方面：

智能建筑通过安装智能能源管理系统，可以实时监测和控制建筑内的能源消耗情况。通过数据分析，系统能够自动调整设备的运行模式和参数，以达到最优的能效比。例如，智能照明系统可以根据室内光线和人员活动情况自动调整照明亮度和色温，实现节能减排。据《2013—2017年中国智能建筑行业发展前景与投资战略规划分析报告》显示，智能建筑在提高能源效率方面发挥了重要作用，显著降低了建筑能耗。

智能建筑通过安装环境监测系统和智能控制系统，可以实时监测室内外的环境参数，如温度、湿度、空气质量等。系统可以根据这些参数自动调整空调、通风等设备的运行模式和参数，以创造舒适、健康的室内环境。此外，智能建筑还可以通过引入绿色植被和自然景观等方式，改善建筑的微气候环境，提高居住者的舒适度和幸福感。智能建筑具备完善的安全系统，能够实时监测和应对各种安全威胁。通过安装视频监控系统、入侵报警系统、火灾报警系统等设备，智能建筑可以及时发现并处理各种安全隐患，保障用户的安全。此外，智能建筑还可以通过智能门禁系统、访客管理系统等方式，加强对进出人员的管理和控制，提高建筑的安全性。

智能建筑在设计时充分考虑了资源的循环利用和可再生利用。通过采用绿色建材、节能设备和技术等方式，智能建筑可以减少对自然资源的消耗和浪费。同时，智能建筑还可以通过雨水收集、废水处理等方式，实现水资源的循环利用。这些措施有助于减少建筑对环境的影响，提高建筑的可持续性。

智能建筑通过提供信息化服务和智能化控制等功能，提高了用户的参与度和满意度。用户可以通过手机、平板等智能设备随时随地了解和控制建筑内的各种设施和设备，实现个性化定制和智能化管理。这不仅提高了用户的使用体验，还有助于培养用户的节能意识和环保意识，促进建筑的可持续发展。

二、智能建筑在实现建筑可持续性方面的实践与应用

（一）智能建筑在能源管理方面的实践与应用

能源管理是智能建筑实现可持续性的重要方面。智能建筑通过安装智能能源管理系统，可以实时监测和控制建筑内的能源消耗情况，从而实现能源的高效利用和节约。具体来说，智能建筑在能源管理方面的实践与应用包括以下几个方面：

能源监测与分析：智能建筑通过安装各种传感器和智能设备，可以实时监测建筑内的能源使用情况，包括电力、燃气、水等资源的消耗。同时，智能系统可以对这些数据进行收集、分析和处理，为能源管理提供决策支持。

能源优化控制：基于能源监测和分析的数据，智能建筑可以实现能源的优化控制。例如，智能照明系统可以根据室内光线和人员活动情况自动调整照明亮度

和色温；智能空调系统可以根据室内外温度、湿度等参数自动调整运行模式；智能电梯系统可以根据人流情况自动调度电梯等。这些优化控制措施可以显著降低建筑的能耗。

可再生能源利用：智能建筑还积极利用可再生能源，如太阳能、风能等。通过安装太阳能光伏板、风力发电机等设备，智能建筑可以将可再生能源转化为电能，为建筑提供绿色、清洁的能源供应。这不仅降低了建筑对传统能源的依赖，还减少了碳排放。

（二）智能建筑在环境控制方面的实践与应用

环境控制是智能建筑实现可持续性的另一个重要方面。智能建筑通过智能环境控制系统，可以实时监测和调节建筑内的环境参数，创造舒适、健康的室内环境。具体来说，智能建筑在环境控制方面的实践与应用包括以下几个方面：

室内环境监测：智能建筑通过安装各种传感器，可以实时监测室内环境参数，如温度、湿度、空气质量等。这些数据可以为环境控制提供决策支持。

智能化调节：基于室内环境监测的数据，智能建筑可以实现智能化调节。例如，智能空调系统可以根据室内外温度、湿度等参数自动调整运行模式；智能新风系统可以根据室内空气质量情况自动开启或关闭；智能窗帘系统可以根据阳光照射情况自动调整窗帘开度等。这些智能化调节措施可以创造舒适、健康的室内环境。

绿色植被引入：智能建筑还注重绿色植被的引入。通过在建筑内部或周围种植绿色植物，智能建筑可以改善建筑的微气候环境，提高室内空气质量，增加建筑的生态价值。

（三）智能建筑在资源管理方面的实践与应用

资源管理也是智能建筑实现可持续性的重要方面。智能建筑通过智能化管理系统，可以实现对建筑内各种资源的有效管理和利用。具体来说，智能建筑在资源管理方面的实践与应用包括以下几个方面：

水资源管理：智能建筑通过安装智能水表、智能灌溉系统等设备，可以实时监测和控制建筑内的水资源消耗情况。同时，智能系统还可以根据用水情况自动调整供水和排水系统的运行模式，实现水资源的节约和高效利用。

废弃物管理：智能建筑注重废弃物的分类、回收和利用。通过安装智能垃圾箱、智能回收站等设备，智能建筑可以自动识别和分类废弃物，并将其送到相应的回收站进行处理。这不仅减少了废弃物的产生和排放，还促进了资源的循环利用。

建筑材料管理：智能建筑在设计和施工过程中注重使用绿色建材和节能材料。通过智能化管理系统，智能建筑可以实现对建筑材料的有效管理和利用，减少浪费和污染。

（四）智能建筑在用户参与方面的实践与应用

用户参与是实现建筑可持续性的重要手段之一。智能建筑通过提供信息化服务和智能化控制等功能，提高了用户的参与度和满意度。具体来说，智能建筑在用户参与方面的实践与应用包括以下几个方面：

信息化服务：智能建筑通过提供信息化服务，如信息发布、视频会议、远程监控等，满足用户多样化的需求。这些服务不仅提高了用户的使用体验，还有助于培养用户的节能意识和环保意识。

智能化控制：智能建筑通过提供智能化控制功能，使用户能够方便地管理和控制建筑内的各种设施和设备。例如，用户可以通过手机 APP 或智能语音助手等设备，随时随地了解和控制建筑内的照明、空调等设备的使用情况。这不仅提高了用户的便捷性，而且有助于实现能源的高效利用和节约。

用户反馈与互动：智能建筑还注重用户的反馈和互动。通过收集和分析用户的反馈数据，智能建筑可以不断优化自身的服务和功能，提高用户的满意度和忠诚度。同时，智能建筑还可以通过社交媒体等渠道与用户进行互动和交流，共同推动建筑的可持续发展。

三、如何利用智能技术提升建筑的能效与环保性能

（一）智能能源管理

智能能源管理是利用智能技术对建筑能源使用进行高效管理和控制的过程。通过安装智能能源管理系统，建筑能够实时监测能源使用情况，并基于数据分析进行能源优化。以下是智能能源管理在提升建筑能效方面的实践与应用：

实时监测与数据分析：智能能源管理系统通过安装各种传感器和智能设备，实时监测建筑的电力、燃气、水等资源的消耗情况。同时，系统对这些数据进行收集、分析和处理，生成能源使用报告和节能建议。

能源优化控制：基于实时监测和数据分析的结果，智能能源管理系统可以自动调整建筑内设备的运行模式和参数，以实现能源的最优利用。例如，智能照明系统可以根据室内光线和人员活动情况自动调整照明亮度和色温；智能空调系统可以根据室内外温度、湿度等参数自动调整运行模式。

可再生能源利用：智能能源管理系统还可以与可再生能源系统（如太阳能光伏板、风力发电机等）进行集成，实现可再生能源的利用和并网发电。这不仅降低了建筑对传统能源的依赖，还减少了碳排放。

（二）智能环境监测与控制

智能环境监测与控制是利用智能技术对建筑内部环境进行实时监测和自动调节的过程。通过安装智能环境控制系统，建筑能够创造舒适、健康的室内环境，同时降低能源消耗。以下是智能环境监测与控制在提升建筑环保性能方面的实践与应用：

室内环境监测：智能环境控制系统通过安装各种传感器，实时监测室内环境参数，如温度、湿度、空气质量等。这些数据为环境控制提供了决策支持。

智能化调节：基于室内环境监测的数据，智能环境控制系统可以自动调节建筑内的设备，如空调、新风系统等，以保持室内环境的舒适性和健康性。这种自动调节方式不仅提高了用户的舒适度，而且有助于降低能源消耗。

绿色建筑实践：智能环境控制系统还可以与绿色建筑实践相结合，如引入绿色植被、采用自然通风和采光等方式，改善建筑的微气候环境，提高室内空气质量。这些绿色建筑实践有助于降低建筑的环境影响，提高建筑的环保性能。

（三）智能材料与绿色建筑实践

智能材料是具有感知、响应和自适应功能的材料，能够在环境变化时自动调整自身性能。绿色建筑实践则是指在建筑设计、施工和运营过程中，采用环保、节能和可持续的技术和材料。以下是智能材料与绿色建筑实践在提升建筑能效与环保性能方面的应用：

智能节能材料：智能节能材料能够根据环境变化自动调整其性能，实现节能效果。例如，智能窗户可以根据室内外光线和温度自动调整开度，减少能耗；智能隔热材料可以根据室内外温差自动调整热传导率，提高保温效果。

绿色建筑材料：绿色建筑材料具有环保、节能和可循环使用的特点。在建筑设计和施工过程中，采用绿色建筑材料可以降低建筑的环境影响，提高建筑的环保性能。例如，使用可再生资源制成的建筑材料、低挥发性有机化合物（VOC）的涂料等。

绿色建筑设计与施工：绿色建筑设计注重建筑与环境的和谐共生，通过合理的建筑布局、自然通风和采光等方式，减少建筑对环境的依赖和破坏。在施工过程中，采用绿色施工技术和方法，如减少废弃物排放、优化施工工艺等，降低施工对环境的影响。

第七章　数字展览设计与技术应用

第一节　数字展览设计的概念与特点

一、数字展览设计的基本定义及其与传统展览的区别

（一）数字展览设计的基本定义

数字展览设计是指利用数字技术、多媒体内容和互动元素，创造具有引人入胜的展示环境的创意过程。这种设计将数字技术、多媒体内容和互动元素融合在一起，形成一个全方位的、三维的、沉浸式的展示空间。数字展览设计旨在通过多感官互动，使观众更好地理解和体验展览主题，从而实现信息的有效传递和文化的深度交流。

数字展览设计的具体内容包括但不限于以下几个方面：

虚拟现实技术：通过虚拟现实技术，观众可以身临其境般感受展览内容，仿佛置身于一个真实的、三维的展示环境中。这种技术可以为观众带来全新的视觉体验，使展览更具吸引力和趣味性。

交互式展示：数字展览设计注重观众的参与和互动。通过触摸屏、感应器等设备，观众可以实时地与展览内容进行互动，表达自己的观点和感受。这种互动方式不仅增加了展览的趣味性，也提高了观众的参与度和满意度。

多媒体内容展示：数字展览设计充分利用了多媒体技术的优势，将文字、图像、音频、视频等多种信息形式融合在一起，形成一个丰富多彩的展示内容。这种展示方式不仅使展览内容更加生动、直观，也提高了信息的传播效率和观众的接受度。

（二）数字展览设计与传统展览的区别

数字展览设计作为一种新兴的展览形式，与传统展览相比具有许多显著的差异。这些差异主要体现在以下几个方面：

空间限制：传统展览通常受到场地空间的限制，展示物品数量和种类有限。而数字展览则消除了这种空间限制，可以展示无限数量的产品和信息。通过虚拟现实技术，观众可以无限畅游在数字展览的虚拟空间中，感受更为全面和丰富的展览内容。

地理限制：传统展览通常需要观众亲临现场才能参与，存在地理限制。而数字展览则打破了这种地理障碍，通过互联网和移动设备，观众可以在任何时间、任何地点参与展览。这种便利性不仅提高了展览的覆盖率和影响力，也降低了观众的参与成本和时间成本。

展示形式：传统展览主要采用静态的、平面的展示形式，观众需要通过文字、图片等媒介来了解展览内容。而数字展览则采用更为生动、直观、立体的展示形式，如虚拟现实、增强现实、交互式屏幕等。这些展示形式不仅为观众带来了更为真实的观展体验，也提高了信息的传播效率和观众的接受度。

互动体验：传统展览中的观众往往只能被动地接受展览信息，缺乏互动性。而数字展览则注重观众的参与和互动，通过触摸屏、感应器等设备，观众可以实时地与展览内容进行互动，表达自己的观点和感受。这种互动方式不仅增加了展览的趣味性，也提高了观众的参与度和满意度。

可持续性：传统展览通常需要消耗大量的资源，如场地租赁、展品运输、人员接待等。而数字展览则具有较高的可持续性，通过数字化存储和传播，可以节约大量的资源和成本。同时，数字展览还可以实现长期、持续的展示和更新，为观众提供更为丰富和多样的展览内容。

二、数字展览设计的主要特点与优势分析

（一）数字展览设计的主要特点

数字展览设计的核心特点之一是数字化与互动性。通过运用先进的数字技术和多媒体设备，数字展览设计能够将传统展览中的静态展品转化为动态的、可交

互的数字内容。观众可以通过触摸屏、感应器、虚拟现实设备等方式，与展览内容进行实时互动，获得更为丰富和深入的体验。

数字展览设计利用虚拟现实、增强现实等技术，为观众营造了一个沉浸式的展览环境。观众可以身临其境般感受展览内容，仿佛置身于一个真实的、立体的世界中。这种沉浸感和真实感使观众能够更加深入地理解和感受展览主题，增强展览的吸引力和影响力。

数字展览设计具有高度的灵活性和可扩展性。展览内容可以根据需要进行实时更新和修改，以适应不同的展览主题和观众需求。同时，数字展览设计还可以实现跨地域、跨时间的展示和传播，使展览的影响力得到进一步扩展。数字展览设计可以根据观众的个人喜好和需求，提供个性化的展示内容和互动体验。通过收集和分析观众的行为数据，数字展览设计可以实时调整展示内容和互动方式，以满足不同观众的需求和期望。这种个性化和定制化的服务使观众能够获得更加满意和愉悦的观展体验。

（二）数字展览设计的优势分析

数字展览设计通过提供丰富的数字内容和互动体验，能够使观众获得更加生动、直观、有趣的观展体验。观众可以通过触摸屏、感应器、虚拟现实设备等方式与展览内容进行实时互动，感受数字技术的魅力和便捷性。这种全新的观展体验不仅增强了观众的参与感和沉浸感，还提高了观众对展览内容的理解和记忆。数字展览设计通过数字化存储和传播方式，使展览内容可以轻松地跨地域、跨时间进行展示和传播。观众可以通过互联网、移动设备等渠道随时随地访问和参与展览，从而扩大了展览的受众范围和影响力。此外，数字展览设计还可以实现与其他社交媒体平台的无缝对接和互动，进一步增强了展览的社交属性和话题性。

相比传统展览需要租赁场地、运输展品、布置展台等高昂的成本投入，数字展览设计可以大幅度降低展览成本。数字展览设计利用数字技术和多媒体设备展示内容，无须实体展品和场地布置，从而减少了展览的硬件投入和运营成本。同时，数字展览设计还可以实现内容的快速更新和修改，避免了传统展览中频繁更换展品和布置展台的问题。数字展览设计通过提供丰富的互动体验，使观众能够更加深入地参与展览过程并表达自己的观点和感受。观众可以通过触摸屏、感应器等与展览内容进行实时互动，获得更加生动和有趣的体验。这种互动性不仅增强了观众的参与感和满意度，还有助于提高展览的互动效果和影响力。

数字展览设计可以实时收集和分析观众的行为数据，为展览策划和管理提供有力的数据支持。通过对观众的行为数据进行分析和挖掘，可以了解观众的喜好和需求、优化展览内容和互动方式、提高展览的吸引力和影响力。此外，数字展览设计还可以实现与其他系统的数据共享和整合，为展览策划和管理提供更加全面和深入的数据支持。

三、数字展览设计在提升观众体验方面的作用

（一）数字展览设计概述

数字展览设计是指利用数字技术、多媒体内容和互动元素，创造具有引人入胜的展示环境的创意过程。这种设计将数字技术、多媒体内容和互动元素融合在一起，形成一个全方位的、三维的、沉浸式的展示空间。与传统展览相比，数字展览设计具有更高的互动性和创新性，能够更好地满足观众的需求。

（二）数字展览设计在提升观众体验方面的作用

数字展览设计通过融入多种互动元素，如触摸屏、感应器、虚拟现实设备等，使观众能够实时与展览内容进行互动。这种互动性不仅增加了展览的趣味性，还能够使观众更深入地了解展品信息。例如，观众可以通过触摸屏查询展品的详细信息，或者通过感应器与展品进行互动游戏。这种互动体验使观众不再是被动的接受者，而是展览的积极参与者。根据一项研究，数字展览设计的互动性可以提高观众的参与度和满意度。在数字展览中，观众的参与度普遍高于传统展览。观众可以更加积极地与展品互动，表达自己的观点和感受。同时，由于数字展览设计提供了多种互动方式，观众可以根据自己的兴趣和需求选择适合自己的互动方式，从而获得更加个性化的体验。

数字展览设计利用虚拟现实、增强现实等技术，为观众营造了一个沉浸式的展览环境。观众可以身临其境般感受展览内容，仿佛置身于一个真实的、立体的世界中。这种沉浸感使观众能够更加深入地理解和感受展览主题，增强展览的吸引力和影响力。例如，在数字展览中，观众可以通过虚拟现实设备参观历史遗址

或自然景观。他们可以在虚拟环境中自由行走、观察、探索，获得与真实环境相似的体验。这种沉浸感使观众能够更加深入地了解历史和文化，增强对展览主题的理解和记忆。

数字展览设计采用多种展示形式，如 3D 展示、视频展示、音频展示等，使观众可以从多个角度了解展品信息。这种多样化的展示形式使展览内容更加丰富、生动，提高了观众的观看兴趣。例如，在数字展览中，观众可以通过 3D 展示了解展品的立体结构和内部细节。他们可以通过旋转、缩放等操作，从不同角度观察展品，获得更加全面的了解。同时，视频展示和音频展示也可以为观众提供更加丰富和生动的信息，使他们更加深入地了解展览内容。

数字展览设计可以根据观众的个人喜好和需求，提供个性化的服务。通过收集和分析观众的行为数据，数字展览设计可以实时调整展示内容和互动方式，以满足不同观众的需求和期望。例如，在数字展览中，观众可以通过触摸屏选择自己感兴趣的展品进行深入了解。系统会根据观众的选择和反馈，为观众推荐相关的展品和信息。同时，观众还可以根据自己的需求设置不同的导览方案或选择不同的语言版本，获得更加个性化的体验。

数字展览设计具有实时更新和维护的能力。展览内容可以根据需要实时进行更新和修改，以适应不同的展览主题和观众需求。这种灵活性使展览内容始终保持新鲜和有趣，吸引观众持续关注和参与。同时，数字展览设计还可以实现远程监控和维护。工作人员可以通过互联网远程监控展览设备的运行状况，及时发现并解决问题。这种维护方式降低了维护成本和人力投入，提高了展览的稳定性和可靠性。

第二节 展览空间的数字化规划与布局

一、展览空间数字化规划的基本原则与方法

（一）展览空间数字化规划的基本原则

在展览空间数字化规划中，用户体验是首要考虑的因素。设计师应深入了解观众的需求和期望，通过数字化手段创造出一个既美观又实用的展览空间。在规划过程中，应注重观众的参与感和沉浸感，提供多样化的互动体验，使观众能够充分感受到展览内容的魅力和价值。技术创新是展览空间数字化规划的核心驱动力。设计师应密切关注科技发展的最新动态，将新技术、新材料、新工艺引入展览设计。通过技术创新，打破传统展览设计的束缚，实现展览空间在视觉、听觉、触觉等多方面的创新，为观众带来全新的感官体验。

可持续发展是展览空间数字化规划的重要原则。设计师在规划过程中应充分考虑资源的节约和环境的保护，采用环保材料和节能技术，降低展览空间的能耗和排放。同时，还应注重展览空间的长期运营和维护，确保展览空间在长期使用过程中能够保持良好的性能和效果。在展览空间数字化规划中，信息安全是一个不可忽视的问题。设计师应采取措施确保展览数据的完整性和安全性，防止数据泄露和非法访问。同时，还应建立完善的信息安全管理制度，加强信息安全培训和意识教育，提高整个团队的信息安全意识和能力。

（二）展览空间数字化规划的方法

在展览空间数字化规划之前，首先需要进行需求分析。通过深入了解展览的主题、目标观众、展览内容等信息，明确展览空间的功能需求和设计要求。同时，还应考虑展览空间的场地条件、预算限制等因素，为后续的规划工作提供基础数据支持。在需求分析的基础上，进行概念设计。概念设计是展览空间数字化规划的关键环节，它决定了展览空间的整体风格和氛围。设计师应根据展览主题和目标观众的特点，提出具有创新性和可行性的设计方案。在概念设计过程中，应注

重与观众的互动体验相结合，创造引人入胜的展览空间。

在概念设计完成后，需要进行技术选型。根据展览空间的功能需求和设计要求，选择合适的技术方案和设备。在选择技术方案时，应充分考虑技术的成熟度、可靠性、成本等因素，确保所选技术能够满足展览空间的实际需求。同时，还应关注技术的发展趋势，为展览空间的升级和改造预留空间。在技术选型完成后，进行方案设计。方案设计是展览空间数字化规划的具体实施步骤，它涉及展览空间的布局、灯光、色彩、材质等多个方面。设计师应根据所选技术方案和设备的特点，制订详细的设计方案。在方案设计过程中，应注重细节处理，确保展览空间的每一个细节都能够体现出设计师的巧思和匠心。

在方案设计完成后进行实施与调试。实施与调试是展览空间数字化规划的重要环节，它涉及设备的安装、调试、测试等多个方面。在实施与调试过程中，应严格按照设计方案进行操作，确保每一个步骤都能够达到预期的效果。同时，还应及时发现问题并进行调整，确保展览空间能够顺利投入使用。在展览空间投入使用后，进行评估与优化。评估与优化是展览空间数字化规划持续改进的关键环节。设计师应通过收集和分析观众的反馈数据，了解展览空间在实际使用中的效果和存在的问题。针对存在的问题，提出相应的优化方案并进行实施。通过不断的评估与优化，使展览空间能够持续满足观众的需求和期望。

二、如何利用数字技术优化展览空间的布局与设计

（一）数字技术在展览空间布局与设计中的作用

数字技术在展览空间布局与设计中扮演着至关重要的角色。首先，数字技术能够提供高精度的空间测量和数据分析，帮助设计师更准确地把握展览空间的特点和限制，从而制订出更为合理的布局方案。其次，数字技术可以模拟和展示展览空间的布局效果，使设计师能够直观地预览和评估设计方案，减少设计过程中的错误和浪费。最后，数字技术还可以实现展览空间的动态调整和互动展示，提升观众的参与度和体验效果。

（二）利用数字技术优化展览空间布局与设计的策略

在展览空间布局与设计的初期阶段，需要收集和分析大量的数据，包括展览

空间的尺寸、形状、承重能力、采光条件等基本信息，以及观众流量、行为模式等动态数据。通过运用三维扫描、无人机航拍等数字技术，可以高效地获取这些数据，并借助数据分析工具进行深度挖掘，从而得出有价值的结论和洞见。这些结论和洞见将为后续的布局设计提供有力的支撑和依据。在获取了足够的数据后，可以利用三维建模软件创建展览空间的三维模型。通过三维模型，设计师可以更加直观地了解展览空间的结构和特点，并在虚拟环境中进行布局设计。同时，数字技术还可以实现展览空间的动态模拟，模拟不同布局方案下的观众流量分布、行为模式等情况，从而帮助设计师选择最优的布局方案。这种模拟过程不仅可以帮助设计师提前发现问题并进行修正，还可以减少实际搭建过程中的浪费和错误。

数字技术为展览空间的互动体验设计提供了丰富的手段。通过运用触摸屏、感应器、虚拟现实等技术，可以设计出多种形式的互动体验项目，如虚拟导览、互动游戏、沉浸式体验等。这些互动体验项目不仅可以增加展览的趣味性和吸引力，还可以提高观众的参与度和满意度。在设计互动体验项目时，应充分考虑观众的需求和期望，并结合展览主题和内容进行创新设计。数字技术还可以实现展览空间的智能化管理与维护。通过安装传感器和监控系统，可以实时监测展览空间的温度、湿度、光照等环境参数以及观众流量和行为模式等动态数据。这些数据可以通过网络传输到数据中心进行分析和处理，从而为展览空间的管理和维护提供有力的支持。例如，当展览空间的温度或湿度超过预设范围时，系统会自动启动空调或加湿器等设备进行调节；当观众流量过大时，系统会自动调整灯光和音响等设备以提高观众的舒适度。这种智能化管理与维护不仅可以提高展览空间的运营效率和服务质量，还可以降低能耗和运营成本。

在利用数字技术优化展览空间布局与设计的过程中，应充分考虑可持续发展因素。通过运用绿色建筑材料和节能设备，可以降低展览空间的能耗和排放；通过合理规划和利用空间资源，可以减少对自然环境的破坏和浪费。同时，数字技术还可以实现展览空间的循环利用和更新升级。例如，通过模块化设计和可拆卸式搭建方式，可以方便地对展览空间进行拆卸和重新组装；通过更新升级展览内容和互动体验项目，可以保持展览空间的新鲜感和吸引力。

三、数字化规划在提升展览效果与观众满意度方面的作用

（一）数字化规划的概念与特点

数字化规划是指通过运用数字化技术，对展览进行整体规划和设计的过程。它融合了信息技术、多媒体技术、大数据分析等多种技术手段，旨在提供更加高效、便捷、个性化的展览体验。数字化规划的特点包括以下几种：

高效性：数字化规划能够快速处理大量数据，提高展览策划和执行的效率。

互动性：数字化规划通过多媒体技术和互动设备，增强观众与展览的互动体验。

个性化：数字化规划能够根据观众的需求和偏好，提供个性化的展览服务。

（二）数字化规划在提升展览效果方面的作用

数字化规划可以通过多媒体技术和虚拟现实技术，将展览内容以更加生动、形象的方式呈现给观众。这种展示方式不仅能够吸引观众的注意力，还能够让观众更加深入地了解展览主题和内容。同时，数字化规划还可以根据展览主题，设计独特的互动环节，让观众在参与中感受到展览的魅力和价值。

数字化规划可以通过互联网和社交媒体等渠道，将展览信息传播给更广泛的受众。通过数字化平台，观众可以方便地获取展览信息、了解展览内容、规划参观路线等。这种传播方式不仅提高了信息的传播效率，还增加了展览的曝光度和影响力。

数字化规划可以通过数据分析和管理系统，对展览流程进行优化和管理。通过收集和分析观众数据，展览主办方可以了解观众的参观行为和偏好，从而调整展览布局和展品陈列，提高观众的参观体验。同时，数字化规划还可以实现展览的智能化管理，如智能导览、智能安防等，提高展览的安全性和便利性。

（三）数字化规划在提升观众满意度方面的作用

数字化规划可以通过手机应用、电子导览等数字化工具，为观众提供便捷的参观体验。观众可以通过这些工具轻松地获取展览信息、规划参观路线、了解展品详情等。这种便捷的参观体验能够减少观众的困惑和不便，提高观众的满意度。

数字化规划通过多媒体技术和互动设备，增强了观众与展览的互动体验。观众可以通过互动游戏、虚拟现实体验等方式，参与到展览中来，与展品进行互动。这种互动体验不仅增强了观众的参与感，还让观众在互动中获得了乐趣和知识。这种参与感和互动性能够提升观众的满意度和忠诚度。

数字化规划可以通过收集和分析观众数据，为观众提供个性化的服务。展览主办方可以根据观众的需求和偏好，为观众推荐相关的展品或活动，或者为观众提供定制化的导览服务等。这种个性化服务能够满足观众的不同需求，提高观众的满意度和忠诚度。

（四）数字化规划的发展趋势与挑战

随着技术的不断进步和应用场景的不断拓展，数字化规划在展览行业中的应用将更加广泛和深入。未来，数字化规划将更加注重用户体验和个性化服务，通过更加先进的技术手段为观众提供更加丰富多彩的展览体验。同时，数字化规划也将面临一些挑战，如数据安全、隐私保护等问题需要得到妥善解决。

第三节　交互式展览与观众体验的提升

一、交互式展览的基本概念及其在提升观众体验方面的优势

（一）交互式展览的基本概念

交互式展览作为一种新兴的展览形式，其核心概念在于通过创新的技术手段和设计理念，实现观众与展览内容之间的深度互动。这种互动不仅限于传统的视觉欣赏，更包括听觉、触觉甚至情感上的交流与共鸣。

具体而言，交互式展览采用了诸如虚拟现实（VR）、增强现实（AR）、投影互动、触摸屏、语音识别等多种技术手段，为观众打造了一个沉浸式的展览环境。在这个环境中，观众不再是被动的信息接收者，而是展览的参与者、体验者，能够亲身参与到展览内容的呈现和解读中。

（二）交互式展览在提升观众体验方面的优势

交互式展览通过创新的技术手段，让观众能够亲身参与到展览中来，与展品进行互动。这种参与感不仅增强了观众对展览的兴趣和好奇心，更使观众能够更加深入地了解展品背后的故事和内涵。例如，在虚拟现实技术的帮助下，观众可以"穿越"到古代文明的场景中，亲身体验古代人的生活和文化；在投影互动区域，观众可以通过肢体动作与投影内容产生互动，创造出独特的视觉效果。这种参与感的提升，使得观众在展览中获得了更多的乐趣和满足感，从而提高了观众的满意度和忠诚度。研究数据显示，参与互动体验的观众对展览的满意度普遍高于传统展览，并且更愿意向他人推荐和分享展览信息。

交互式展览通过技术手段将展品的信息更加生动、形象地展示给观众。例如，在多媒体音效技术的辅助下，观众可以更加清晰地听到展品的历史背景、制作工艺等详细信息；在投影技术的帮助下，展品可以以更加立体、逼真的方式呈现在观众面前。这种展示效果的提升，使得观众能够更加深入地了解展品的特点和优势，从而增强了观众对展品的认同感和购买意愿。相关调查显示，参与交互式展览的观众对展品的认知度和购买意愿普遍高于传统展览。

交互式展览通过技术手段为展览增加了趣味性和互动性，使得观众在参观过程中能够享受到更多的乐趣和刺激。例如，在互动游戏区域，观众可以通过参与游戏的方式了解展品的相关知识；在动画展示区域，观众可以观看到生动有趣的动画内容，加深对展品的理解和记忆。这种趣味性的提升，使得观众在展览中获得了更多的娱乐和放松，从而提高了观众的参观体验和满意度。据相关研究表明，参与交互式展览的观众在参观过程中的愉悦感和放松感普遍高于传统展览。

交互式展览通过设置问答环节、互动体验区等方式，为观众与展商提供了更多的交流机会。观众可以向展商提问了解展品的相关信息和使用技巧；展商也可以通过回答问题、演示产品等方式与观众建立联系，增强品牌形象。这种交流机会的增多，不仅使观众能够更加深入地了解展品的特点和优势，也增强了观众对展商品牌的认知度和信任度。相关调查显示，参与交互式展览的观众对展商品牌的认知度和信任度普遍高于传统展览。

二、如何实现交互式展览与观众的互动与参与

（一）明确展览主题与目标观众

实现交互式展览的首要步骤是明确展览主题。展览主题不仅决定了展览的整体风格和展示内容，还影响着观众的参与度和互动方式。因此，在策划交互式展览时，必须根据展览的目的、特点和市场需求，选择一个具有吸引力和互动性的主题。了解目标观众是制定互动与参与策略的关键。不同的观众群体具有不同的兴趣、需求和特点，因此需要根据目标观众的特点，设计符合其需求的互动环节和参与方式。例如，对于年轻观众，可以引入更多科技元素和时尚元素；对于家庭观众，可以设计更多亲子互动环节。

（二）设计创新的互动环节

多媒体技术是实现交互式展览的重要手段之一。通过运用虚拟现实（VR）、增强现实（AR）、投影互动、触摸屏等技术手段，可以为观众带来沉浸式的互动体验。例如，在 VR 技术的帮助下，观众可以身临其境般体验古代文明的场景；在投影互动区域，观众可以通过肢体动作与投影内容产生互动。游戏元素是吸引观众参与的有效方式。通过设计有趣的互动游戏，可以让观众在参与过程中获得乐趣和知识。游戏的设计可以围绕展览主题展开，将展品知识融入游戏环节，让观众在轻松愉快的氛围中了解展品信息。

创设互动场景是实现交互式展览的重要手段之一。通过搭建与展览主题相关的互动场景，可以让观众在场景中与展品进行互动。例如，在科技展览中，可以搭建一个模拟太空舱的场景，让观众在舱内体验太空生活；在艺术展览中，可以设计一个绘画互动区，让观众在画布上自由创作。

（三）优化观众的参与体验

个性化服务是提高观众参与度和满意度的关键。通过收集和分析观众数据，可以为观众提供个性化的推荐和服务。例如，根据观众的喜好和兴趣，为其推荐相关的展品和互动环节；根据观众的需求和反馈，及时调整展览内容和互动方式。导览系统是帮助观众了解展览内容和参与互动的重要工具。通过优化导览系统，可以为观众提供更加便捷、清晰的导览服务。例如，开发手机应用或微信小程序

等数字化导览工具，让观众可以随时随地查看展品信息和互动环节；设置明显的指示牌和路标等物理导览设施，帮助观众快速找到目的地。

社交分享功能是增强观众参与感和归属感的重要手段。通过在展览中设置社交分享区域或提供社交分享功能，可以鼓励观众将展览信息分享到社交媒体上，从而吸引更多人关注和参与展览。同时，社交分享还可以让观众在分享过程中获得认同感和成就感，增强其对展览的忠诚度和黏性。

（四）加强观众与展商的互动

问答环节是加强观众与展商互动的有效方式。通过设置问答环节，可以让观众向展商提问了解展品的相关信息和使用技巧；展商也可以通过回答问题的方式与观众建立联系增强品牌形象。问答环节的设计可以围绕展览主题展开，将展品知识融入问题中，让观众在提问和回答的过程中了解展品信息。现场活动是加强观众与展商互动的重要方式之一。通过举办讲座、研讨会、表演等现场活动，可以吸引观众参与并了解展品背后的故事和技术原理。同时现场活动还可以为展商提供一个展示品牌实力和产品优势的平台，增强观众对展商品牌的认知度和信任度。

线上交流平台是加强观众与展商互动的重要渠道之一。通过建立官方网站、社交媒体账号等线上交流平台，可以让观众随时了解展览的最新信息和动态；同时，展商也可以通过平台发布产品信息、优惠活动等内容吸引观众关注和参与。线上交流平台还可以为观众提供一个互动交流的场所，让他们可以分享自己的观展体验和心得感受，从而增强观众的参与感和归属感。

三、交互式展览中的技术创新与应用前景展望

（一）交互式展览中的技术创新

虚拟现实（VR）和增强现实（AR）技术是交互式展览中最具代表性的技术创新之一。VR技术通过模拟真实的环境，让观众能够身临其境般感受展览内容；而AR技术则可以在真实环境中叠加虚拟信息，使观众与展品之间产生更紧密的联系。这些技术不仅提供了全新的视觉体验，还使得观众可以通过动作、声音等方式与展品进行互动，极大地增强了展览的趣味性和互动性。

投影互动技术利用投影设备将图像投射到特定表面，并通过传感器捕捉观众的动作，实现与图像的实时互动。这种技术使得观众可以通过肢体动作与投影内容产生互动，创造出独特的视觉效果。例如，在交互式展览中，观众可以通过挥动手臂或跳跃等动作，与投影出的动物、植物等形象进行互动，体验不同的互动乐趣。

触摸屏技术为观众提供了直观、便捷的互动方式。在交互式展览中，触摸屏技术被广泛应用于信息查询、游戏互动、导览服务等方面。观众可以通过触摸屏幕，轻松获取展品信息、参与互动游戏、查看展览地图等。这种技术不仅提高了观众的参与度和互动性，还使得展览内容更加丰富和生动。

物联网技术通过将展品、传感器、网络等元素连接起来，实现数据的实时采集、传输和分析。在交互式展览中，物联网技术可以用于展品状态的监测、环境参数的调控、观众行为的分析等方面。例如，通过安装传感器监测展品的温度、湿度等环境参数，可以确保展品在最佳状态下展示；通过分析观众的行为数据，可以了解观众的参观习惯和兴趣偏好，为展览的策划和运营提供有力支持。

（二）交互式展览技术创新的应用前景

随着 VR、AR 等技术的不断发展和完善，沉浸式体验将成为交互式展览的主流趋势。未来的交互式展览将更加注重观众的参与感和体验感，通过创新的技术手段为观众打造更加真实、生动的展览环境。观众可以身临其境般感受展览内容，与展品进行更加紧密的互动和交流。物联网技术的应用将使交互式展览的智能化水平不断提升。未来的交互式展览将更加注重观众的需求和体验，通过智能导览系统、智能推荐系统等方式为观众提供更加便捷、个性化的服务。同时，展商也可以通过智能化管理系统实现对展品状态的实时监控和管理，提高展览的运营效率和管理水平。

随着技术的不断创新和应用领域的不断拓展，交互式展览将逐渐与其他领域进行跨界融合。例如，与文化旅游、教育培训、商业营销等领域进行深度融合，打造出更加多元化、综合化的展览产品和服务。这种跨界融合将使交互式展览的应用领域更加广泛，为观众带来更加丰富多彩的观展体验。

随着观众需求的多样化和个性化趋势的加强，交互式展览将更加注重观众的个性化需求。未来的交互式展览将提供更加丰富的互动方式和内容选择，让观众可以根据自己的兴趣和需求选择适合自己的展览内容和互动方式。同时，展商也可以通过数据分析等手段了解观众的需求和偏好，为观众提供更加精准、个性化的服务。

第四节　数字化展品与展示技术的创新

一、数字化展品的基本概念及其与传统展品的区别与优势

（一）数字化展品的基本概念

数字化展品，即以数字技术为基础，通过计算机、网络、多媒体等技术手段，将展品信息以数字化形式呈现给观众的一种展示方式。它突破了传统展品的实物限制，将展品信息转化为数字信号，通过数字设备进行展示和传播。数字化展品通常具有多媒体、互动性强、信息量大等特点，能够为观众带来更加生动、直观的观展体验。

（二）数字化展品与传统展品的区别

传统展品通常以实物形式展示，观众需要通过观察、触摸等方式了解展品信息。而数字化展品则以数字化形式呈现，通过计算机、网络等设备进行展示。观众可以通过屏幕、虚拟现实头盔等设备，以更加直观、生动的方式了解展品信息。传统展品的互动性相对有限，观众通常只能通过观看、听取讲解等方式了解展品。而数字化展品则具有更强的互动性。观众可以通过触摸屏、虚拟现实等技术手段与展品进行互动，获得更加深入、全面的了解。例如，观众可以通过触摸屏查询展品信息，或者通过虚拟现实技术身临其境般感受展品背后的故事。

传统展品的信息量相对有限，受限于展品本身的物理尺寸和展示空间。而数字化展品则可以突破这一限制，通过数字技术将展品信息以数字化形式呈现给观众。观众可以通过计算机、网络等设备随时随地访问展品信息，了解展品的更多

细节和背景知识。传统展品的更新与维护通常需要更换展品或调整展示布局，成本较高且耗时较长。而数字化展品则可以通过更新软件、添加新内容等方式轻松实现更新与维护。这种灵活性和便捷性使得数字化展品能够更好地适应市场需求和观众需求的变化。

（三）数字化展品的优势

数字化展品不受时间和空间的限制，观众可以在任何时间、任何地点通过网络或移动设备访问数字化展品。这种便利性使得观众能够随时随地了解展品信息，打破了传统展品的地理限制。数字化展品的制作和展示成本相对较低。相比传统展品的制作、运输和展示费用，数字化展品只需通过计算机、网络等设备进行展示和传播，降低了成本也提高了效率。

数字化展品具有更强的互动性。观众可以通过触摸屏、虚拟现实等技术手段与展品进行互动，获得更加深入、全面的了解。这种互动性不仅提高了观众的参与度和兴趣度，也增强了展览的互动性和趣味性。数字化展品能够承载更多的信息内容。通过数字技术将展品信息以数字化形式呈现给观众，使得观众能够了解展品的更多细节和背景知识。这种丰富的信息量不仅提高了观众的观展体验，也增加了展览的知识性和趣味性。

数字化展品采用数字技术进行展示和传播，减少了传统展品制作过程中对环境的影响和资源的浪费。同时，数字化展品的展示过程中也无须消耗大量能源，符合环保节能的要求。

二、数字化展示技术的创新与应用及其效果评估

（一）数字化展示技术的创新

虚拟现实（VR）技术通过模拟真实环境，使用户能够身临其境般体验虚拟世界。在数字化展示中，VR技术被广泛应用于历史重现、文化遗产展示、科学教育等领域。观众可以通过佩戴VR头盔，仿佛置身于历史现场或科学实验室，感受前所未有的沉浸式体验。增强现实（AR）技术则通过在真实环境中叠加虚拟信息，为用户提供更加丰富的互动体验。在数字化展示中，AR技术可以实现展品信息的实时展示、交互操作等功能，让观众在欣赏展品的同时，深入了解其

背后的故事和科学知识。

多媒体互动技术通过集成图像、声音、文字等多种媒体元素，为观众提供更加丰富、生动的展示内容。在数字化展示中，多媒体互动技术被广泛应用于导览系统、信息查询系统、互动游戏等领域。观众可以通过触摸屏、投影设备等互动媒介，与展示内容进行互动，深入了解展品的文化内涵和科技原理。

三维扫描技术通过激光、摄像头等设备对实体进行扫描，获取其三维数据。3D 打印技术则根据这些三维数据，通过逐层打印的方式制造出实体模型。在数字化展示中，这两项技术相结合可以实现文物的数字化保护、修复和展示。通过三维扫描技术获取文物的三维数据，再利用 3D 打印技术制造出高精度的复制品，不仅可以为观众提供更加真实、立体的观展体验，还可以有效保护文物免受损坏。

（二）数字化展示技术的应用

博物馆是数字化展示技术的重要应用领域之一。通过虚拟现实、增强现实等技术手段，博物馆可以将珍贵的历史文物、艺术品等以数字化形式呈现给观众。观众可以佩戴 VR 头盔或 AR 眼镜，身临其境般感受历史现场或艺术品的魅力。同时，多媒体互动技术也为观众提供了更加便捷、丰富的导览和信息查询服务。

科技馆是普及科学知识、提高公众科学素养的重要场所。数字化展示技术在科技馆教育中具有得天独厚的优势。通过虚拟现实、增强现实等技术手段，科技馆可以将复杂的科学原理、实验过程等以数字化形式展示给观众。观众可以亲身体验科学实验的乐趣，深入了解科学知识的奥秘。此外，多媒体互动技术还可以为观众提供丰富的互动游戏和实践活动，激发他们的学习兴趣和创造力。

商业展示是数字化展示技术的另一个重要应用领域。通过虚拟现实、增强现实等技术手段，商业展示可以为观众提供更加真实、生动的产品体验。观众可以通过佩戴 VR 头盔或 AR 眼镜，身临其境般感受产品的外观、功能和特点。这种沉浸式体验有助于观众更好地了解产品并产生购买欲望。同时，多媒体互动技术还可以为观众提供个性化的购物指导和推荐服务，提高购物体验和满意度。

（三）数字化展示技术的效果评估

观众满意度是衡量数字化展示技术效果的重要指标之一。通过问卷调查、访谈等方式收集观众对数字化展示技术的评价意见，可以了解观众对展示内容的兴趣程度、对互动体验的满意度以及对服务的整体评价等。这些反馈信息可以为后续的数字化展示技术优化和改进提供参考依据。

在博物馆、科技馆等场所中，数字化展示技术的主要目的是向观众传递知识。因此，知识传递效果是衡量数字化展示技术效果的重要标准之一。通过对观众在数字化展示前后的知识掌握情况进行测试或调查，可以了解数字化展示技术在知识传递方面的效果。同时，还可以根据观众的反馈意见对展示内容和互动方式进行调整和优化，提高知识传递的效率和效果。

技术创新与应用水平是衡量数字化展示技术效果的重要方面之一。通过对数字化展示技术的创新点、应用范围和实际应用效果进行评估，可以了解该技术在行业内的领先程度和竞争优势。同时，还可以根据市场需求和观众需求的变化，不断推动技术创新和应用拓展，提高数字化展示技术的竞争力和影响力。

三、如何利用数字化展品与展示技术提升展览的吸引力与传播力

（一）数字化展品与展示技术的特点

数字化展品与展示技术以数字技术为基础，通过多媒体、虚拟现实、增强现实等技术手段，将展品信息以数字化形式呈现给观众。这种展示方式具有以下特点：

互动性强：数字化展品与展示技术允许观众通过触摸屏、虚拟现实头盔等设备与展品进行互动，获得更加深入、全面的了解。

信息量大：数字化展品能够承载更多的信息内容，包括文字、图片、视频、音频等多种形式，为观众提供丰富的信息体验。

展示形式多样：数字化展示技术可以采用多种展示形式，如三维模型、虚拟场景、互动游戏等，为观众带来更加生动、有趣的观展体验。

（二）利用数字化展品与展示技术提升展览吸引力的策略

传统的展览形式往往局限于实物展示和图片介绍，缺乏新颖性和吸引力。利用数字化展品与展示技术，可以创新展示形式，为观众带来全新的观展体验。例如，通过虚拟现实技术，观众可以身临其境般感受历史场景或科学原理；通过增

强现实技术，观众可以在观看展品的同时，看到与展品相关的虚拟信息，如历史背景、制作工艺等。这些创新的展示形式能够吸引观众的眼球，提高展览的吸引力。沉浸式体验是数字化展示技术的重要特点之一。通过打造沉浸式体验，可以让观众更加深入地了解展品和展览主题。例如，在博物馆展览中，可以利用虚拟现实技术打造历史场景复原，让观众身临其境般感受历史文化的魅力；在科技馆展览中，可以利用增强现实技术将科学原理以互动游戏的形式呈现给观众，让观众在娱乐中学习科学知识。这种沉浸式体验能够增强观众的参与感和沉浸感，提高展览的吸引力。

互动性是数字化展示技术的核心优势之一。通过引入互动元素，可以让观众更加主动地参与到展览中来，提高观众的参与度和满意度。例如，在展览中设置触摸屏互动游戏或互动问答环节，让观众通过触摸屏幕了解展品信息或参与互动游戏；在虚拟现实展览中设置互动任务或挑战环节，让观众在完成任务的过程中深入了解展览主题。这些互动元素能够激发观众的兴趣和好奇心，提高展览的吸引力。

（三）利用数字化展品与展示技术提升展览传播力的策略

数字化展品与展示技术可以通过多种渠道进行传播，如互联网、社交媒体、移动应用等。展览主办方可以利用这些渠道将展览信息推送给更多的潜在观众，提高展览的知名度和影响力。例如，在展览前通过社交媒体发布展览预告和亮点信息，吸引观众关注和讨论；在展览期间通过直播或短视频形式展示展览现场和亮点展品，让无法到场的观众也能感受到展览的魅力。这些传播渠道能够扩大展览的受众范围，提高展览的传播力。在互联网时代，搜索排名是影响信息传播效果的重要因素之一。展览主办方可以通过优化搜索引擎排名来提高展览信息的曝光率。具体而言，可以通过关键词优化、网站结构优化、内容更新等方式提高展览网站在搜索引擎中的排名；同时，可以利用社交媒体等渠道增加外部链接和分享量，提高展览信息的传播效果。这些措施能够提高展览信息的可见性和搜索性，从而提高展览的传播力。

品牌效应是提升展览传播力的重要手段之一。展览主办方可以通过打造独特的品牌形象和品牌文化来吸引观众的关注和认可。具体而言，可以通过设计独特的展览标志、口号和视觉形象来树立品牌形象；同时，可以通过举办品牌活动、推出品牌衍生品等方式来增强品牌影响力和认知度。这些措施能够提升展览的品牌价值和认知度，进而提高展览的传播力。

第五节　展览数据的分析与优化策略

一、展览数据分析的重要性及其在实施过程中的挑战与机遇

（一）展览数据分析的重要性

展览数据分析可以帮助主办方更好地了解观众的需求和偏好，从而针对性地优化展览内容和布局。通过对观众参观行为、停留时间、互动反馈等数据的分析，可以找出展览中的亮点和不足，为后续的展览策划提供有力支持。此外，数据分析还可以帮助主办方预测观众流量，合理安排展览资源和人力，确保展览的顺利进行。展览数据分析可以为营销策略的制定提供有力依据。通过分析观众的来源、兴趣、消费习惯等数据，可以制订更加精准的营销方案，提高营销效果。例如，针对特定观众群体进行定向推送、优惠活动等，吸引更多潜在观众参与展览。此外，数据分析还可以帮助主办方评估营销活动的成效，为后续的营销策略调整提供参考。

展览数据分析有助于主办方了解展览的长期发展趋势和潜在风险，为展览的可持续发展提供支持。通过对历史数据的分析，可以发现展览的周期性规律，为未来的展览策划提供参考。同时，数据分析还可以帮助主办方识别展览中的潜在问题，如观众流失、参展商满意度下降等，及时采取措施加以解决，确保展览的长期稳定发展。

（二）展览数据分析在实施过程中的挑战

展览数据分析需要收集大量的数据，包括观众信息、展品信息、展览环境等。然而，在实际操作过程中，数据收集与整合面临着诸多挑战。首先，数据来源多

样，包括现场设备、社交媒体、调查问卷等，数据格式和质量参差不齐，难以统一处理。其次，数据收集过程中可能存在隐私泄露、信息安全等问题，需要严格遵守相关法律法规和伦理规范。最后，数据整合需要考虑不同数据源之间的关联性和互补性，以实现数据的全面性和准确性。

展览数据分析涉及大量的数据处理和分析工作，需要运用先进的数据挖掘、机器学习等技术手段。然而，在实际操作过程中，数据处理与分析技术面临着诸多挑战。首先，数据量大、维度多，处理起来需要耗费大量的时间和计算资源。其次，数据分析方法的选择和应用需要根据展览的实际情况进行调整和优化，以满足不同的分析需求。最后，数据分析结果的解读和应用需要具备一定的专业知识和经验，否则可能产生误导或偏差。

展览数据分析涉及多个部门和人员的协作与沟通，需要形成有效的协作机制和沟通渠道。然而，在实际操作过程中，跨部门协作与沟通面临着诸多挑战。首先，不同部门之间的职责和利益诉求可能存在差异，导致协作意愿不强或协作效果不佳。其次，部门之间的信息传递可能存在延迟或失真，影响数据分析的准确性和及时性。最后，数据分析结果的解读和应用需要各部门共同参与和决策，如何形成有效的决策机制和执行机制是一个需要解决的问题。

（三）展览数据分析在实施过程中的机遇

随着人工智能、大数据等技术的不断发展，展览数据分析的能力得到了显著提升。先进的技术手段可以帮助主办方更加高效、准确地收集和处理数据，提高数据分析的效率和准确性。同时，新技术还可以为数据分析提供更多元化的方法和手段，如自然语言处理、图像识别等，为展览数据分析带来更多的可能性。随着市场竞争的加剧和观众需求的多样化，数据驱动决策已经成为展览行业的重要趋势。通过对展览数据进行分析，主办方可以更加深入地了解市场和观众的需求和变化，为展览策划和营销提供有力支持。同时，数据分析还可以帮助主办方预测未来的市场趋势和潜在风险，为展览的可持续发展提供支持。

数字化转型已经成为展览行业的重要趋势之一。通过展览数据分析，主办方可以更加深入地了解展览的各个环节和流程，发现存在的问题和不足，为展览的创新发展提供有力支持。例如，通过数据分析优化展览布局和互动体验、推出定制化服务等，提高观众的参与度和满意度。同时，数字化转型还可以推动展览行业的跨界合作和资源整合，为展览的创新发展带来更多机遇。

二、如何利用数据分析工具优化展览设计与观众体验

（一）数据分析工具在展览中的应用

在展览过程中，数据分析工具可以帮助主办方收集各种类型的数据，包括观众流量、观众停留时间、观众互动行为等。这些数据可以通过现场设备（如摄像头、传感器）、社交媒体、调查问卷等多种渠道获取。收集到的数据将为后续的分析奠定基础。数据分析工具可以对收集到的数据进行处理和分析，以提取有价值的信息。这些信息可以帮助主办方了解观众的喜好、需求和行为模式，从而优化展览设计和提升观众体验。例如，通过分析观众流量和停留时间，可以找出展览中的热门区域和冷门区域，为后续的展览布局提供参考。

基于数据分析的结果，主办方可以制定更加精准的展览策略和决策。例如，根据观众的兴趣和需求，调整展品陈列和互动环节的设置；根据观众流量和停留时间，优化展览的布局和流线设计；根据观众互动行为，改进互动体验和增加互动环节等。

（二）利用数据分析工具优化展览设计

1. 观众行为分析

通过数据分析工具，主办方可以深入了解观众在展览中的行为模式。例如，观众在哪些区域停留时间较长、对哪些展品更感兴趣、互动环节参与度如何等。这些数据可以帮助主办方优化展览设计，使展览更加符合观众的喜好和需求。

（1）热门区域与冷门区域优化

根据观众流量和停留时间的数据，主办方可以找出展览中的热门区域和冷门区域。对于热门区域，可以增加展品数量或提高展品质量，以满足更多观众的需求；对于冷门区域，可以通过调整展品陈列、增加互动环节等方式吸引观众。

（2）展品陈列优化

通过分析观众对展品的兴趣和关注度，主办方可以调整展品的陈列方式和位置。将观众更感兴趣的展品放置在更显眼的位置，以便观众更容易发现和欣赏。

同时，也可以将相关展品进行组合陈列，以提高观众的参观效率和体验。

2. 互动环节设计

互动环节是提升观众体验的重要手段之一。通过数据分析工具，主办方可以了解观众对互动环节的兴趣和参与度，从而优化互动环节的设计。

（1）互动环节内容优化

根据观众的兴趣和需求，主办方可以设计更加有趣、有教育意义的互动环节内容。例如，通过虚拟现实技术让观众身临其境般体验历史事件或科学原理；通过互动游戏让观众在娱乐中学习知识等。

（2）互动环节参与度提升

为了提高观众的参与度，主办方可以采取多种措施。例如，设置互动环节奖励机制，鼓励观众积极参与；通过社交媒体等渠道宣传互动环节，吸引更多观众参与；在展览现场设置互动环节导览员，引导观众参与等。

（三）利用数据分析工具提升观众体验

通过数据分析工具，主办方可以了解观众的兴趣和需求，为观众提供个性化的推荐服务。例如，根据观众的参观历史和兴趣偏好，推荐相关的展品或活动；为观众提供定制化的导览路线和互动体验等。个性化推荐可以提高观众的满意度和忠诚度，增强观众对展览的黏性。

数据分析工具可以帮助主办方实时了解展览过程中的观众反馈和意见。通过收集和分析观众的实时反馈数据，主办方可以及时发现展览中存在的问题和不足，并采取相应的措施进行调整和改进。例如，根据观众的反馈调整展品陈列或互动环节的设置、增加观众休息区或提高服务质量等。实时反馈与调整可以提高展览的灵活性和适应性，确保展览始终符合观众的需求和期望。

（四）实施策略与建议

为了充分利用数据分析工具优化展览设计与观众体验，主办方需要建立完善的数据收集和分析体系。这包括选择合适的数据收集工具和方法、建立数据分析团队或委托专业机构进行数据分析等。同时，还需要确保数据的准确性和可靠性，以便为后续的决策提供支持。数据分析工具的应用需要多个部门的协作与沟通。主办方需要加强不同部门之间的沟通和协作，确保数据的共享和有效利用。同时，还需要建立有效的决策机制和执行机制，确保数据分析结果能够得到有效实施。

观众需求和市场变化是展览设计与观众体验优化的重要依据。主办方需要持续关注观众需求和市场变化，及时调整展览策略和设计方案。通过数据分析工具了解观众需求和市场变化可以为主办方提供有力支持。

三、基于数据的展览效果评估与改进策略制定

（一）展览效果评估的数据来源

观众数据是评估展览效果的重要来源。这包括观众流量、观众构成（如年龄、性别、职业等）、观众参与度（如停留时间、互动环节参与情况等）及观众反馈（如调查问卷、社交媒体评论等）。通过收集和分析这些数据，可以了解展览对观众的吸引力、观众的兴趣点以及观众对展览的满意度等。展品数据也是评估展览效果的重要依据。这包括展品的浏览量、关注度、互动次数等。通过分析这些数据，可以了解哪些展品更受观众喜爱，哪些展品需要调整或改进。

运营数据反映了展览的整体运营情况，如销售额、门票收入、合作商数量等。这些数据可以帮助主办方了解展览的经济效益和合作情况，为后续的展览策划提供参考。

（二）基于数据的展览效果评估方法

定量评估主要依赖于数据的统计和分析。通过计算观众流量、观众参与度、展品浏览量等指标的数值，可以对展览的吸引力、互动性和影响力进行量化评估。同时，还可以利用数据分析工具对数据进行深入挖掘，发现数据背后的规律和趋势。定性评估主要关注观众和合作商的反馈意见。通过收集和分析调查问卷、社交媒体评论等反馈数据，可以了解观众对展览的整体感受、对展品的兴趣点以及对展览的建议和意见。同时，还可以与合作商进行深入交流，了解他们对展览的评价和合作意愿。

综合评估是将定量评估和定性评估相结合，全面评估展览的效果。通过对比不同展览之间的数据指标和反馈意见，可以发现展览的优势和不足，为后续的改进策略制定提供依据。

（三）基于评估结果的改进策略制定

根据观众数据的分析结果，了解观众对展品的兴趣和偏好，进而调整展品的陈列方式和位置。将观众更感兴趣的展品放置在更显眼的位置，提高展品的曝光率和吸引力。同时，也可以根据观众的兴趣点增加或调整展品内容，以满足观众的需求。互动环节是提升观众参与度和体验的重要手段。根据观众参与度的数据分析结果，了解哪些互动环节更受观众喜爱、哪些互动环节需要改进。可以针对受欢迎的互动环节进行优化和升级，提高互动环节的质量和趣味性。同时，也可以增加新的互动环节，吸引更多观众参与。

根据观众流量和停留时间的数据分析结果，优化展览的布局和流线设计。合理规划展览区域和流线，避免观众拥堵和混乱。同时，也可以设置引导标识和导览员，帮助观众更好地了解展览内容和参观路线。根据展览的评估结果，制定针对性的宣传和推广策略。利用社交媒体、广告等渠道进行广泛宣传，提高展览的知名度和影响力。同时，也可以与合作伙伴进行深度合作，共同推广展览，吸引更多观众参与。

展览行业是一个不断变化和发展的行业。主办方需要持续关注观众需求和市场变化，不断改进和创新展览设计和策划。通过收集和分析数据，发现展览中存在的问题和不足，及时制定改进措施。同时，也可以借鉴其他成功的展览案例和经验，为展览的创新提供灵感和借鉴。

第八章 数字商业空间设计与技术应用

第一节 数字商业空间设计的意义与价值

一、数字商业空间设计的定义及其对商业活动的影响

（一）数字商业空间设计的定义

数字商业空间设计是指将数字化技术应用于商业空间的设计、规划、管理和运营中，通过数字技术来增强商业空间的功能性、互动性和用户体验。它涵盖了从商业空间的数字建模、虚拟现实展示、智能导览系统，到数字化营销、电子商务、客户数据分析等多个方面。数字商业空间设计不仅仅是技术层面的应用，更是商业理念、消费者行为、市场需求等多方面因素的综合体现。

（二）数字商业空间设计对商业活动的影响

数字商业空间设计通过引入数字化技术，可以极大地提升商业空间的功能性和互动性。例如，利用数字建模技术，可以对商业空间进行精确的规划和设计，确保空间的合理利用和布局。同时，通过虚拟现实技术，可以为消费者提供沉浸式的购物体验，使消费者在家中就能预览商品、体验购物环境。此外，智能导览系统可以引导消费者快速找到所需商品，提高购物效率。

数字商业空间设计注重用户体验和满意度的提升。通过收集和分析消费者数据，可以深入了解消费者的需求和偏好，进而优化商业空间的设计和服务。例如，根据消费者的购物习惯和喜好，可以调整商品的陈列方式和位置，提高商品的吸引力和购买率。同时，数字化营销手段可以更加精准地推送商品信息和优惠活动，提高消费者的购买意愿和忠诚度。

数字商业空间设计推动了商业模式的创新和变革。传统的商业模式往往依赖于实体店面和线下交易，而数字商业空间设计则打破了这一限制，实现了线上线下融合的发展模式。通过电子商务平台，商家可以突破地域限制，拓展更广阔的市场。同时，基于数据分析的个性化推荐、定制化服务等模式也得以实现，为消费者提供更加便捷、个性化的购物体验。

数字商业空间设计通过引入智能化、自动化的管理系统，可以显著提高商业运营的效率和管理水平。例如，智能库存管理系统可以实时监控库存情况，确保商品的及时补货和库存的合理控制。智能支付系统可以简化支付流程，提高交易速度和安全性。此外，基于数据分析的决策支持系统也可以帮助商家更加精准地把握市场趋势和消费者需求，制定更加有效的商业策略。

数字商业空间设计还注重商业空间的可持续发展。通过数字化技术，可以更加精准地控制商业空间的能源消耗和碳排放量，实现绿色、低碳的运营模式。同时，数字化技术也可以促进资源的循环利用和废物的减量化处理，降低商业空间对环境的影响。此外，数字化技术还可以提高商业空间的智能化程度，减少人力资源的浪费和成本支出。

二、数字商业空间设计在提升商业竞争力方面的作用与价值

（一）数字商业空间设计的定义与内涵

数字商业空间设计是指将数字化技术应用于商业空间的设计、规划、管理和运营中，通过数字技术来增强商业空间的功能性、互动性和用户体验。这种设计方式涵盖了从商业空间的数字建模、虚拟现实展示、智能导览系统，到数字化营销、电子商务、客户数据分析等多个方面。数字商业空间设计不仅关注技术的运用，还强调商业理念、消费者行为、市场需求等多方面的综合考量。

（二）数字商业空间设计在提升商业竞争力方面的作用

数字商业空间设计通过引入数字化技术，为消费者提供了更加便捷、舒适和有趣的购物体验。例如，虚拟现实技术让消费者在家中就能预览商品、体验购物环境；智能导览系统可以帮助消费者快速找到所需商品，提高购物效率。这种提

升消费者体验的方式有助于增强品牌的吸引力，提高消费者对品牌的认知度和忠诚度。数字商业空间设计通过引入智能化、自动化的管理系统，优化了商业运营流程，提高了运营效率。例如，智能库存管理系统可以实时监控库存情况，确保商品的及时补货和库存的合理控制；智能支付系统可以简化支付流程，提高交易速度和安全性。这些优化措施不仅降低了商家的运营成本，还提高了商业运营的效率和准确性。

数字商业空间设计通过收集和分析消费者数据，实现了精准营销。商家可以根据消费者的购物习惯和喜好，推送个性化的商品信息和优惠活动，提高消费者的购买意愿和忠诚度。同时，基于数据分析的个性化推荐系统也可以为消费者提供更加符合其需求的商品选择，提高销售转化率。

数字商业空间设计打破了传统商业模式的地域限制，拓展了市场渠道。通过电子商务平台，商家可以突破地域限制，将商品销售到更广阔的市场。此外，基于社交媒体的数字化营销手段也可以帮助商家扩大品牌知名度和影响力，吸引更多潜在消费者。这些拓展市场渠道的方式为商家带来了更多的商业机会和竞争优势。

数字商业空间设计鼓励商家在商业模式、产品设计、服务流程等方面进行创新。通过引入新技术、新理念和新模式，商家可以打造独特的品牌形象和竞争优势。例如，一些商家通过引入虚拟现实技术、增强现实技术等新兴技术，为消费者提供了全新的购物体验；一些商家则通过数字化营销手段实现了跨界合作和品牌联动，进一步提升了品牌的知名度和影响力。

（三）数字商业空间设计的价值体现

数字商业空间设计的价值不仅体现在提升商业竞争力方面，还体现在推动商业可持续发展和社会进步方面。通过优化商业流程、提高运营效率、降低能源消耗和碳排放量等方式，数字商业空间设计有助于推动商业的可持续发展。同时，数字商业空间设计也促进了社会信息化的进程和数字化转型的加速发展。

三、数字商业空间设计对消费者购物体验的影响分析

（一）数字商业空间设计的概述

数字商业空间设计是指将数字技术应用于商业空间的设计、规划、管理和运营中，以提升商业空间的功能性、互动性和用户体验。这种设计方式涵盖了从商业空间的数字建模、虚拟现实展示、智能导览系统，到数字化营销、电子商务、客户数据分析等多个方面。数字商业空间设计不仅关注技术的运用，更强调商业理念、消费者行为、市场需求等多方面的综合考量。

（二）数字商业空间设计对消费者购物体验的影响

数字商业空间设计通过虚拟现实（VR）、增强现实（AR）等技术，为消费者提供沉浸式的购物体验。消费者可以在家中或商店内通过 VR 眼镜等设备，身临其境般体验商品和购物环境，仿佛置身于一个真实的购物场景中。这种沉浸式的购物体验不仅增加了购物的趣味性，还提高了消费者对商品的认知度和购买意愿。

数字商业空间设计注重与消费者的互动和个性化服务。通过智能导览系统、触摸屏等设备，消费者可以获取商品的详细信息、价格、库存等信息，并与商家进行实时交流。此外，商家还可以根据消费者的购物习惯和喜好，推送个性化的商品推荐和优惠活动，提高消费者的购物体验和忠诚度。

数字商业空间设计通过引入智能支付、自助结账等技术，简化了购物流程，提高了购物效率。消费者可以通过手机 APP 或自助结账机完成支付和结账操作，无须排队等待人工服务。这不仅节省了消费者的时间，还提高了商家的服务效率和客户满意度。数字商业空间设计利用数字化技术，为消费者提供了丰富的商品信息和比较机会。消费者可以通过电子商务平台浏览各种商品信息，包括价格、品牌、规格、评价等。同时，消费者还可以对同类商品进行比较和筛选，选择最适合自己的商品。这种丰富的商品信息和比较机会有助于消费者做出更加明智的购物决策。

数字商业空间设计还鼓励消费者之间进行社交互动和分享。通过社交媒体平台、在线论坛等渠道，消费者可以分享自己的购物经验、评价商品、交流心得等。

这种社交互动不仅增加了购物的乐趣，还为消费者提供了更多了解商品和商家的机会。同时，商家的口碑和品牌形象也会因消费者的分享而得到传播和提升。

（三）数字商业空间设计对消费者购物体验影响的深入分析

随着消费者需求的不断变化，传统的商业空间已经无法满足消费者的需求。消费者越来越注重购物的便捷性、个性化和体验感。数字商业空间设计正是针对这些需求进行设计和优化的，通过引入数字化技术，为消费者提供更加便捷、个性化和有趣的购物体验。数字商业空间设计的实现离不开技术的支持。随着 VR、AR、人工智能等技术的不断发展，数字商业空间设计的实现变得更加容易和高效。这些技术为数字商业空间设计提供了更多的可能性和创新空间，使得消费者可以享受到更加丰富和独特的购物体验。

数字商业空间设计推动了商业模式的创新。通过引入数字化技术，商家可以打破传统商业模式的限制，实现线上线下融合的发展模式。这种创新模式不仅为消费者提供了更多的购物选择，还为商家带来了更多的商业机会和竞争优势。

第二节　商业空间的数字化规划与布局

一、商业空间数字化规划的基本原则与目标设定

（一）商业空间数字化规划的基本原则

商业空间数字化规划的首要原则是以人为本。在规划过程中，应充分考虑消费者的需求和体验，以提供便捷、舒适、个性化的购物环境。同时，也应关注员工的需求，优化工作流程，提高工作效率。通过关注人和需求，实现商业空间与人的和谐共生。商业空间数字化规划需要借助先进的技术手段来实现。在规划过程中，应充分利用大数据、人工智能、物联网等先进技术，提升商业空间的功能性和互动性。同时，也要关注技术的更新和升级，保持商业空间的先进性和竞争力。

商业空间数字化规划应遵循可持续发展的原则。在规划过程中，应充分考虑

环境保护和资源节约，采用绿色、低碳的设计理念和技术手段。同时，也要关注商业空间的长期运营和维护，确保商业空间的持久性和稳定性。商业空间数字化规划应具有灵活性和可扩展性。在规划过程中，应充分考虑未来商业发展和变化的可能性，为商业空间的升级和改造提供便利。同时，也要关注商业空间的开放性和兼容性，确保不同系统之间的互联互通。

商业空间数字化规划应确保系统的安全性和稳定性。在规划过程中，应采用安全可靠的技术手段和措施，保护消费者的个人信息和财产安全。同时，也要关注系统的稳定性和可靠性，确保商业空间的正常运行和服务质量。

（二）商业空间数字化规划的目标设定

商业空间数字化规划的首要目标是提升商业运营效率。通过引入数字化技术和管理手段，优化商业空间的布局和流程，提高商品的流通效率和库存周转率。同时，也要关注员工的工作效率和服务质量，提高客户满意度和忠诚度。商业空间数字化规划的另一个重要目标是优化消费者体验。通过引入数字化营销、智能导览、虚拟现实等技术手段，为消费者提供便捷、舒适、有趣的购物环境。同时，也要关注消费者的需求和反馈，不断改进和优化商业空间的设计和服务。

商业空间数字化规划有助于推动商业创新。通过引入新技术和新模式，打破传统商业模式的限制，实现线上线下融合的发展模式。同时，也要关注新兴市场的需求和趋势，探索新的商业模式和增长点。商业空间数字化规划应关注可持续发展。通过采用绿色、低碳的设计理念和技术手段，降低商业空间的能源消耗和碳排放量。同时，也要关注商业空间的长期运营和维护，确保商业空间的持久性和稳定性。

商业空间数字化规划有助于提升品牌形象和竞争力。通过优化商业空间的设计和服务，提高消费者的满意度和忠诚度，增强品牌的吸引力和影响力。同时，也要关注新兴市场的需求和趋势，及时调整商业策略，保持品牌的竞争力和市场地位。

（三）商业空间数字化规划的实施步骤

在商业空间数字化规划之初，应进行充分的市场调研和需求分析。了解目标市场的消费者需求、竞争态势及未来发展趋势，为商业空间数字化规划提供有力的数据支持。根据市场调研和需求分析的结果，制订商业空间数字化规划的战略规划和顶层设计，明确商业空间数字化规划的目标、原则、重点任务和实施路径。

根据战略规划和顶层设计的要求，选择合适的技术手段和设计方案。确保技术手段的先进性和适用性、设计方案的合理性和可操作性。按照技术选型和方案设计的要求，进行系统开发和实施。确保系统的稳定性和可靠性，满足商业空间数字化规划的需求。

在系统开发和实施完成后，进行系统的运营和维护。关注系统的运行状况和性能表现，及时处理系统问题和故障，确保商业空间数字化规划的顺利进行。

二、如何利用数字技术优化商业空间的规划与布局设计

（一）数字技术在商业空间规划与布局设计中的应用

三维建模技术可以将商业空间的布局设计以三维模型的形式展现出来，使得设计者和业主能够直观地看到设计效果。这种技术可以极大地提高设计效率，减少设计过程中的修改和调整。同时，通过虚拟现实（VR）技术，消费者也可以提前体验商业空间的环境和氛围，增加购物的乐趣和吸引力。大数据技术可以对商业空间内的消费者行为、流量、销售额等数据进行分析，从而揭示消费者的购物习惯、偏好和需求。基于这些分析结果，设计者可以更加精准地制订商业空间的规划与布局策略。例如，可以根据消费者的购物习惯和偏好调整商品的摆放位置和陈列方式，提高商品的曝光率和销售额。

人工智能技术可以应用于商业空间的智能导览、智能推荐等方面。通过智能导览系统，消费者可以方便地找到所需商品的位置，提高购物效率。而智能推荐系统则可以根据消费者的购物历史和偏好推荐相关商品，提高消费者的购物体验和满意度。

物联网技术可以将商业空间内的各种设备和传感器连接起来，实现数据的实时采集和传输。通过智能环境监测系统，可以实时监测商业空间内的温度、湿度、光照等环境参数，并根据需要自动调整环境参数，确保商业空间内环境的舒适性和节能性。

（二）利用数字技术优化商业空间规划与布局设计的策略

利用大数据分析和数据挖掘技术，可以精准地定位目标客户群体，并了解他们的购物习惯、偏好和需求。基于这些信息，设计者可以制订更加符合目标客户需求的商业空间规划与布局策略，提高商业空间的吸引力和竞争力。

通过大数据分析和人工智能技术，可以了解商品的销售情况和消费者的购物习惯，从而优化商品的陈列与布局。例如，可以将热销商品摆放在显眼的位置，提高商品的曝光率和销售额；同时，也可以根据消费者的购物习惯和偏好调整商品的陈列方式，增加购物的趣味性和吸引力。智能导览系统可以帮助消费者快速找到所需商品的位置，提高购物效率。而智能推荐系统则可以根据消费者的购物历史和偏好推荐相关商品，提高消费者的购物体验和满意度。这些系统的引入不仅可以提高商业空间的智能化水平，还可以增加消费者的购物乐趣和黏性。通过物联网技术和智能环境监测系统，可以实时监测商业空间内的环境参数，并根据需要自动调整环境参数，确保商业空间内环境的舒适性和节能性。这不仅可以提高消费者的购物体验，还可以降低商业空间的运营成本。

数字技术不仅可以优化商业空间的规划与布局设计，还可以强化人性化设计与交互体验。例如，可以利用数字屏幕和触摸屏等设备展示商品信息、促销活动等内容，方便消费者获取所需信息；同时，也可以设置互动体验区，让消费者参与到商业空间的设计和运营中来，增加消费者的参与感和归属感。

三、数字化规划在提升商业空间利用率与顾客满意度方面的效果评估

（一）数字化规划提升商业空间利用率的效果评估

数字化规划通过收集和分析大量的顾客行为数据，能够精确地识别顾客在商业空间中的流动路径、停留时间和兴趣点。基于这些数据，商业空间可以重新规划布局、优化商品陈列和区域设置，以更好地满足顾客需求。例如，将热销商品摆放在顾客流量较大的区域，提高商品的曝光率和销售额；将相似或互补的商品集中摆放，方便顾客进行比较和选择。通过数字化规划优化后的商业空间，其商品陈列和区域设置更加符合顾客需求，商品销售额和顾客流量均有所提升。同时，

由于减少了不必要的空间浪费，商业空间的利用率也得到了提高。

数字化规划利用物联网和传感器技术，可以实时监控商业空间内的顾客流量、商品销售情况、库存状态等信息。基于这些信息，商业空间可以实时调整商品陈列、库存管理和促销策略，以适应市场变化和顾客需求。例如，当某种商品库存不足时，系统可以自动提醒补货或调整陈列位置；当某个区域顾客流量较大时，可以临时增加促销人员或调整促销策略以吸引更多顾客。实时监控与动态调整使得商业空间能够更快地响应市场变化和顾客需求，提高了商业空间的灵活性和适应性。同时，由于减少了库存积压和过期损失，商业空间的运营效率也得到了提升。

（二）数字化规划提升顾客满意度的效果评估

数字化规划利用人工智能和大数据技术，可以实现智能化导览和个性化推荐功能。通过智能导览系统，顾客可以方便地找到所需商品的位置和路线；通过个性化推荐系统，系统可以根据顾客的购物历史和偏好推荐相关商品或优惠活动。这些功能不仅提高了顾客的购物效率和体验，还增加了顾客的购物乐趣和黏性。智能化导览和个性化推荐功能使得顾客在商业空间中的购物过程更加便捷和愉悦。顾客可以更快地找到所需商品并享受个性化的购物体验，从而提高了顾客的满意度和忠诚度。同时，由于减少了顾客的搜索时间和不必要的行走距离，也提高了商业空间的运营效率。

数字化规划还可以通过引入互动体验设施和社交分享功能来增强顾客的参与感和归属感。例如，在商业空间中设置互动游戏、虚拟现实体验区等设施，让顾客在购物过程中享受到更多的乐趣和互动体验；同时，通过社交分享功能，顾客可以将自己的购物体验和心得分享给朋友和社交媒体上的粉丝，进一步扩大商业空间的影响力和吸引力。互动体验设施和社交分享功能增加了顾客在商业空间中的参与感和归属感，使得顾客更加愿意在商业空间中停留和消费。同时，这些功能也提高了商业空间的社交属性和传播效果，进一步扩大了商业空间的影响力和知名度。

第三节　消费者行为与空间设计的互动

一、消费者行为对空间设计的影响及其重要性分析

（一）消费者行为对空间设计的影响

消费者需求是空间设计的基础。不同的消费者群体有着不同的购物需求和偏好，这些需求和偏好直接影响着商业空间的布局设计。例如，年轻消费者可能更偏好开放式、互动式的购物环境，而中老年消费者则可能更注重空间的舒适度和便利性。因此，设计师需要根据目标消费群体的需求和偏好，合理规划商业空间的布局，以提供更为符合消费者需求的购物体验。

消费者行为模式也是空间设计的重要考量因素。消费者的购物行为、停留时间、行走路径等都会影响到商业空间的功能分区。设计师需要通过对消费者行为的观察和分析，了解消费者在空间中的行为模式，进而确定各功能区的位置和大小。例如，高频次使用的服务区（如收银台、休息区）应设置在消费者易于到达的位置，而低频次使用的区域（如仓库、办公室）则可以设置在较为隐蔽的位置。

消费者心理对商业空间的装修风格也有着重要影响。消费者的心理需求和情感反应会直接影响到他们对商业空间的感知和评价。因此，设计师需要深入了解消费者的心理需求和情感反应，并根据这些需求来设计商业空间的装修风格。例如，对于追求时尚和个性化的年轻消费者，商业空间可以采用简约、现代、富有创意的装修风格；而对于追求舒适和温馨的消费者，商业空间可以采用柔和、温馨、具有家庭氛围的装修风格。

（二）消费者行为对空间设计的重要性

了解消费者行为并将其作为空间设计的核心考量因素，可以确保商业空间的设计更加符合消费者的需求和偏好。这样的设计不仅能够提供更为舒适、便捷的购物环境，还能够增强消费者的购物体验和满意度。当消费者对商业空间感到满意时，他们更有可能成为忠诚的顾客，并为企业带来持续的收益。

在竞争激烈的商业环境中，了解消费者行为并据此进行空间设计是提升商业空间竞争力的关键。通过深入了解消费者的需求和偏好，设计师可以创造出独特、具有吸引力的商业空间，从而在众多竞争对手中脱颖而出。这样的商业空间不仅能够吸引更多的消费者前来购物，还能够提高消费者的忠诚度和口碑传播效应，进一步巩固企业的市场地位。

消费者行为对空间设计的影响还体现在促进可持续发展方面。随着人们对环保和可持续发展的关注日益增加，消费者对于商业空间的环保性和可持续性也提出了更高的要求。了解消费者行为并据此进行空间设计，可以确保商业空间在满足消费者需求的同时，也符合环保和可持续发展的要求。例如，采用节能环保的建筑材料、设计合理的通风和采光系统、优化能源使用效率等，都是实现商业空间可持续发展的有效手段。

二、如何根据消费者行为调整和优化商业空间设计策略

（一）理解消费者行为

在调整和优化商业空间设计策略之前，首先需要深入理解消费者行为。消费者行为包括消费者的购物动机、购物习惯、消费心理等多个方面。通过市场调研、数据分析等手段，可以获取消费者的基本信息、购物偏好、行为模式等数据，为商业空间设计的调整和优化提供有力支持。

（二）根据消费者行为调整商业空间设计策略

消费者行为模式对商业空间的布局设计具有重要影响。根据消费者的行走路径、停留时间等数据，可以分析出消费者在空间中的行为特点，进而对商业空间的布局进行调整。例如，将热销商品摆放在消费者流量较大的区域，提高商品的曝光率和销售额；将休息区设置在消费者行走路径的合适位置，方便消费者在购物过程中休息和放松。功能分区的合理性直接影响到消费者的购物体验。根据消费者行为的实际情况，可以对商业空间的功能分区进行优化。首先，需要确定各个功能区的功能需求和空间需求，确保各功能区的设置能够满足消费者的需求。其次，需要考虑各功能区之间的关联性，使消费者能够方便地在不同区域之间切换。例如，可以将相关联的商品或服务区域设置在相邻的位置，提高消费者的购

物效率和体验。

消费者心理对商业空间的装修风格也有着重要影响。根据消费者的年龄、性别、职业等特征，可以分析出消费者对装修风格的偏好。因此，商业空间设计者需要根据消费者的心理需求，对装修风格进行调整。例如，对于年轻消费者群体，可以采用时尚、前卫、个性化的装修风格；对于中老年消费者群体，则可以采用稳重、大气、舒适的装修风格。随着消费者对购物体验的要求不断提高，互动体验设计在商业空间设计中扮演着越来越重要的角色。通过引入互动体验设施、举办互动活动等方式，可以吸引消费者的注意力，提高消费者的参与度和忠诚度。在设计互动体验时，需要考虑消费者的兴趣点、参与度及活动的可行性等因素，确保互动体验设计能够真正满足消费者的需求。

（三）优化商业空间设计策略的重要性

根据消费者行为调整和优化商业空间设计策略，可以确保商业空间的设计更加符合消费者的需求和期望。这样的设计不仅能够提供更为舒适、便捷的购物环境，还能够增强消费者的购物体验和满意度。当消费者对商业空间感到满意时，他们更有可能成为忠诚的顾客，并为企业带来持续的收益。

在竞争激烈的商业环境中，优化商业空间设计策略是提升商业空间竞争力的关键。通过深入了解消费者的需求和行为模式，并根据这些信息进行设计优化，可以创造出独特、具有吸引力的商业空间。这样的商业空间不仅能够吸引更多的消费者前来购物，还能够提高消费者的忠诚度和口碑传播效应，进一步巩固企业的市场地位。

优化商业空间设计策略还可以提高空间利用率。通过合理的布局调整和功能分区优化，可以确保商业空间内的每一寸土地都得到充分利用。这不仅可以降低企业的运营成本，还可以提高商业空间的运营效率。在优化商业空间设计策略的过程中，还需要考虑可持续发展的因素。通过采用环保材料、节能设备等方式，可以降低商业空间的能耗和排放，实现绿色、低碳的运营方式。这不仅符合环保政策的要求，还可以提高企业在消费者心目中的形象。

三、空间设计在引导消费者行为和促进消费决策方面的作用探讨

（一）空间设计对消费者行为的引导作用

首先，空间设计通过视觉元素的设计，如色彩、形状、灯光等，能够迅速吸引消费者的目光。在商品琳琅满目的商场中，一个具有吸引力的空间设计能够让消费者在众多品牌中迅速定位，从而引发消费者的好奇心和探索欲望。这种视觉吸引力是空间设计最直观的作用，也是引导消费者行为的第一步。其次，空间布局和流线设计能够引导消费者的行动路径。合理的空间布局能够使消费者在购物过程中感到舒适和便捷，而流线设计则能够引导消费者按照特定的路径进行浏览和购物。这种引导能够使消费者更加全面地了解商品信息，提高购物效率，同时也能够增加商品的曝光率和销售额。

此外，空间设计还能够通过营造特定的氛围来影响消费者的情绪和行为。例如，温馨舒适的环境能够让消费者感到放松和愉悦，进而增加他们的购物意愿；而高端大气的环境则能够提升消费者的身份认同感和购买欲望。因此，通过空间设计营造符合品牌调性和消费者需求的氛围，是引导消费者行为的重要手段。

（二）空间设计在促进消费决策方面的作用

首先，空间设计能够通过商品陈列和展示来提供丰富的商品信息。通过合理的商品分类、有序的陈列布局及清晰的标识系统，消费者能够迅速了解商品的特点、用途和价格等信息。这种信息提供能够帮助消费者做出更加明智的购物决策，提高购物的满意度和性价比。其次，空间设计能够通过视觉元素和氛围营造来激发消费者的购物欲望。通过独特的装修风格、炫目的灯光效果及诱人的促销信息等手段，空间设计能够创造出舒适的购物氛围，引起消费者强烈的购买冲动。这种购物欲望能够促使消费者更加积极地参与购物活动，提高消费额度和频次。此外，空间设计还能够通过细节处理来增强消费者的信任感。例如，整洁的卫生环境、专业的服务设施及人性化的设计理念等都能够让消费者感受到品牌的专业性和可靠性。这种信任感能够提升消费者对品牌的认同感和忠诚度，进而促进消费决策的形成和持续消费。

（三）空间设计与消费者行为心理的关系

空间设计在引导消费者行为和促进消费决策方面的作用，实际上与消费者行为心理密切相关。消费者的购物行为往往受到自身心理因素的影响，如需求、动机、情感等，而空间设计正是通过影响消费者的心理感受来引导他们的行为和决策。例如，通过营造舒适的环境和氛围来满足消费者的需求；通过独特的视觉元素和流线设计来激发消费者的购物动机；通过提供丰富的商品信息和营造信任感来增强消费者的购买情感等。因此，深入理解消费者行为心理是优化空间设计、提升商业空间竞争力的关键。

第四节 智能化商业设施与服务系统的整合

一、智能化商业设施的基本概念及其在提升商业效率方面的作用

（一）智能化商业设施的基本概念

智能化商业设施是指利用先进的信息技术、物联网技术、大数据分析等手段，对商业设施进行智能化改造和升级，实现设施管理、服务提供、消费体验等方面的智能化。智能化商业设施通常包括以下几个方面：

智能化的基础设施：包括智能照明、智能安防、智能环境监控等系统，能够实时监控商业设施的运行状态，提高设施的管理效率和使用体验。

智能化的服务设施：如智能导购、智能支付、智能停车等，通过智能化设备和技术，提供更加便捷、高效的服务，提升消费者的购物体验。

智能化的数据管理系统：利用大数据、云计算等技术，对商业设施内的数据进行收集、分析和处理，为商家提供决策支持，优化资源配置，提高商业效率。

（二）智能化商业设施在提升商业效率方面的作用

智能化商业设施能够实时收集和分析商业设施内的数据，为商家提供精准的市场分析和消费者行为洞察。商家可以根据这些数据，优化商品陈列、调整库存、

制定营销策略等，实现资源的合理配置。同时，智能化商业设施还能够根据消费者的需求和偏好，进行个性化推荐和精准营销，提高商品的销售率和客户满意度。智能化商业设施通过智能化的管理系统和设备，能够实时监控商业设施的运行状态，及时发现和解决问题。例如，智能照明系统可以根据人流和光照情况自动调节亮度，既节省能源又提升购物体验；智能安防系统可以实时监控商业设施的安全状况，及时发现异常情况并采取措施。这些智能化的管理系统和设备，能够降低商家的运营成本，提高运营效率。

智能化商业设施通过提供便捷、高效的服务，能够提升消费者的购物体验。例如，智能导购系统可以根据消费者的需求和偏好，提供个性化的商品推荐和购物指导；智能支付系统可以实现快速结账，减少消费者排队等待的时间；智能停车系统可以帮助消费者快速找到停车位，解决停车难的问题。这些智能化的服务设施，能够提升消费者的购物体验，增加消费者的忠诚度和回头率。智能化商业设施能够提升商家的品牌形象和市场竞争力。通过提供智能化的服务和管理，商家能够展示其创新能力和科技实力，吸引更多的消费者前来购物。同时，智能化商业设施还能够为商家提供更多的数据支持和决策依据，帮助商家更好地把握市场趋势和消费者需求，制定更加精准的营销策略，提升市场竞争力。

（三）智能化商业设施的发展趋势

随着科技的不断发展，智能化商业设施将呈现以下几个发展趋势：

个性化定制：未来的智能化商业设施将更加注重消费者的个性化需求，提供个性化的服务和管理。

跨界融合：智能化商业设施将与更多的行业进行跨界融合，形成更加多元化的商业模式和服务体系。

绿色环保：未来的智能化商业设施将更加注重环保和可持续发展，采用更加环保的材料和技术，降低能耗和排放。

二、如何实现智能化商业设施与服务系统的有效整合与优化运行管理策略

（一）智能化商业设施与服务系统的整合

在整合智能化商业设施与服务系统之前，首先需要明确整合的目标。这包括提高商业运营效率、优化消费者购物体验、降低成本等。明确整合目标有助于指导后续的工作方向，确保整合过程的顺利进行。对现有商业设施和服务系统进行全面评估是整合过程中的重要环节。这包括了解系统的功能、性能、安全性等方面的情况，以及分析系统的优缺点和潜在问题。通过评估，可以确定哪些系统需要保留，哪些系统需要进行升级或替换。

在明确整合目标和评估现有系统的基础上，设计整合方案。整合方案应充分考虑商业设施的特点和需求，以及服务系统的功能和性能。方案应包括系统架构、数据交互、接口设计等方面的内容，确保各个系统之间的无缝对接和高效协同。按照整合方案，逐步实施系统整合。这包括安装和配置新的系统、迁移数据、调试系统等功能。在整合过程中，应确保系统的稳定性和安全性，避免对商业运营造成不利影响。

（二）智能化商业设施与服务系统的优化运行管理策略

为了确保智能化商业设施与服务系统的有效运行，需要制定一套完善的运行管理规范。规范应明确各个系统的职责和权限，规定系统的操作流程和维护要求，以及制订应急预案等。通过制定规范，可以确保系统的稳定运行和高效协同。智能化商业设施与服务系统的运行管理需要专业的技术人员进行操作和维护。因此，加强人员培训是优化运行管理的重要策略之一。通过培训，可以提高技术人员的专业技能和操作水平，确保他们能够有效地管理和维护系统。

建立监控系统是优化运行管理的有效手段之一。监控系统可以实时监控系统的运行状态和性能表现，及时发现潜在问题和异常情况，并采取相应的措施进行处理。通过监控系统，可以确保系统的稳定运行和高效协同，提高商业运营效率。智能化商业设施与服务系统需要定期进行维护和更新，以确保系统的稳定性和安全性。维护包括硬件设备的检修和更换、软件系统的升级和补丁安装等。更新则

包括新功能的开发和上线、旧功能的优化和改进等。通过定期维护更新，可以确保系统始终保持最佳状态，满足商业运营的需求。

智能化商业设施与服务系统产生了大量的数据，这些数据对于优化运行管理具有重要价值。通过对数据的分析，可以了解系统的运行情况和性能表现，发现潜在问题和改进点。同时，还可以根据数据分析结果制定更加精准的营销策略和运营策略，提高商业运营效率。智能化商业设施与服务系统的运行管理涉及多个部门和岗位的工作。因此，加强跨部门协同合作是优化运行管理的重要策略之一。通过建立跨部门协作机制，加强部门之间的沟通和协作，可以确保各个部门和岗位之间的无缝对接和高效协同，提高商业运营效率。

第五节　商业空间的环境质量与舒适度提升

一、商业空间环境质量与舒适度对顾客满意度和忠诚度的影响

（一）商业空间环境质量对顾客满意度的影响

商业空间的视觉环境对顾客满意度具有显著影响。一个设计精美、色彩和谐、布局合理的商业空间能够迅速吸引顾客的注意力，提升顾客对商品的感知价值。据研究显示，良好的视觉环境能够提升顾客满意度约 20% 以上。例如，通过运用明亮的色彩、合理的照明和装饰，以及独特的陈列方式，可以营造出一个愉悦、舒适的购物环境，让顾客在购物过程中感到更加愉悦和满足。商业空间的空气质量和噪声控制也是影响顾客满意度的关键因素。良好的空气质量能够确保顾客在购物过程中呼吸到新鲜空气，减少不适感和疲劳感。而噪声控制则能够减少嘈杂声对顾客购物体验的影响，让顾客在更加安静、舒适的环境中挑选商品。研究表明，空气质量和噪声控制良好的商业空间能够提升顾客满意度 15% 左右。

商业空间的空间布局和流线设计对顾客满意度也有重要影响。合理的空间布局能够使顾客更加便捷地找到所需商品，提高购物效率；而流线设计则能够引导

顾客按照特定的路径进行浏览和购物，增加商品的曝光率和销售额。通过优化空间布局和流线设计，可以提升顾客满意度10%左右。

（二）商业空间舒适度对顾客忠诚度的影响

商业空间的舒适度是指顾客在购物过程中感受到的舒适程度。舒适度包括多个方面，如温度、湿度、空气质量、噪声控制、座椅舒适度等。一个舒适的商业空间能够让顾客在购物过程中感到更加愉悦和放松，增加顾客的停留时间和消费意愿。据研究显示，商业空间舒适度每提升1%，顾客忠诚度将提升约2%。商业空间的舒适度直接影响顾客的购物体验。一个舒适的商业空间能够让顾客在购物过程中感受到更多的舒适和愉悦，提升顾客对品牌的认知和情感连接。这种积极的购物体验能够增加顾客对品牌的忠诚度和回购率。相反，如果商业空间舒适度不足，顾客在购物过程中可能会感到不适和疲劳，降低顾客的满意度和忠诚度。

为了提升商业空间的舒适度，商家可以采取多种策略。首先，商家可以关注室内温度、湿度、空气质量等物理环境因素，确保顾客在购物过程中能够感受到舒适的环境。其次，商家可以优化空间布局和流线设计，提高顾客的购物效率和舒适度。最后，商家还可以提供舒适的座椅和休息区域，让顾客在购物过程中能够休息和放松。

二、如何通过设计手法提升商业空间的环境质量与舒适度水平

（一）空间规划

商业空间的功能性布局是提升环境质量的基础。设计师应根据商业空间的类型、规模和目标顾客群体，合理规划空间布局，确保各区域的功能明确、流线顺畅。通过合理划分区域，如商品展示区、休闲区、服务台等，可以减少拥挤和混乱，提升顾客体验。开放性设计能够增加空间的通透感和宽敞感，提升环境质量。设计师可以通过拆除不必要的隔断、采用透明或半透明材料等方式，实现空间的开放与连通。这种设计手法不仅可以让顾客更好地欣赏到商品的陈列效果，还能增加顾客之间的交流和互动，增强社交氛围。

（二）材料选择

选择环保材料是提升商业空间环境质量的重要手段。设计师应优先选用符合国家环保标准的材料，减少有害物质的使用。同时，环保材料还具有良好的耐用性和可回收性，有助于降低资源浪费和环境污染。材料的质感和触感对商业空间的舒适度有重要影响。设计师应选择触感舒适、质感细腻的材料，如木材、石材、织物等，能够为顾客带来愉悦的视觉和触觉体验。这些材料不仅具有自然美感，还能提升空间的温馨感和舒适度。

（三）色彩运用

色彩对人们的心理和情感有着重要影响。在商业空间设计中，设计师应充分考虑色彩的心理效应，运用不同的色彩来营造不同的氛围和风格。例如，暖色调能够营造温馨、舒适的氛围，适合用于休闲区；冷色调则能够带来清新、明快的感觉，适合用于商品展示区。色彩搭配与统一是提升商业空间环境质量的关键。设计师应遵循色彩搭配的原则，将不同色彩进行巧妙的组合和搭配，形成和谐统一的视觉效果。同时，设计师还应注意色彩的统一性和延续性，避免过于花哨和混乱的色彩搭配，确保整体环境的协调性和舒适度。

（四）照明设计

照明设计是提升商业空间环境质量的重要手段。设计师应充分考虑照明层次的需求，通过不同的照明方式和灯具设置，营造不同的照明效果。例如，主光源可以提供基础照明，确保空间的明亮度和清晰度；辅助光源则可以营造特定的氛围和效果，提升顾客的购物体验。在照明设计中，节能环保也是需要考虑的因素。设计师应选用高效节能的灯具和照明系统，减少能源消耗和碳排放。同时，设计师还可以利用自然光来补充室内照明，提高照明效率并降低能耗。

（五）家具布局

家具布局对商业空间的舒适度有重要影响。设计师应充分考虑家具的舒适性和实用性，选择符合人体工程学的家具，确保顾客在休息和购物时能够感受到舒适和便利。同时，家具的布局还应与空间的整体风格和氛围相协调，形成和谐统一的视觉效果。家具的灵活性和可变性也是提升商业空间舒适度的重要因素。设计师应选择易于移动和组合的家具，方便商家根据需要进行调整和变化。这种设计手法不仅可以满足商家不同时期的经营需求，还能为顾客带来更加灵活和多样的购物体验。

三、实际案例中环境质量与舒适度提升策略的应用效果评估方法

（一）评估目标

在进行环境质量与舒适度提升策略的应用效果评估时，首先需要明确评估目标。评估目标通常包括以下方面：

验证提升策略的有效性：通过评估，验证所采取的提升策略是否能够有效改善商业空间的环境质量与舒适度。

量化改善程度：对改善程度进行量化评估，了解提升策略对环境质量与舒适度的具体影响。

评估顾客满意度：了解顾客对改善后的商业空间环境质量与舒适度的满意度情况。

（二）评估指标

为了全面评估环境质量与舒适度提升策略的应用效果，需要选择合适的评估指标。常见的评估指标包括以下方面：

环境质量指标：空气质量、噪声水平、温度湿度等，这些指标可以通过专业仪器进行测量和评估。

舒适度指标：空间布局合理性、家具舒适度、照明效果等，这些指标可以通过问卷调查、观察记录等方式进行评估。

顾客满意度指标：顾客对商业空间的整体满意度、购物体验满意度等，这些指标可以通过问卷调查、顾客访谈等方式进行收集和分析。

（三）评估方法

1. 数据收集

（1）仪器测量：使用专业仪器对环境质量指标进行测量，如空气质量检测仪、噪声计等。确保数据的准确性和可靠性。

（2）问卷调查：设计合理的问卷，针对顾客满意度和舒适度指标进行调查。

问卷应包含开放性问题和封闭性问题，以便收集更全面的信息。

（3）观察记录：通过实地观察记录商业空间的环境质量与舒适度情况，如空间布局、家具摆放、照明效果等。记录应详细、准确，以便后续分析。

2. 数据分析

（1）描述性统计分析：对收集到的数据进行描述性统计分析，如均值、标准差、频数分布等，了解各项指标的基本情况。

（2）对比分析：将改善前后的数据进行对比分析，了解提升策略对环境质量与舒适度的具体影响。通过图表展示对比结果，便于直观理解。

（3）相关性分析：分析各项指标之间的相关性，了解它们之间的内在联系和影响因素。通过相关性分析，可以更深入地了解提升策略的作用机制和效果。

3. 效果评估

（1）有效性评估：根据数据分析结果，评估提升策略的有效性。如果改善后的数据明显优于改善前，则说明提升策略是有效的。

（2）改善程度评估：对改善程度进行量化评估，如空气质量改善了15%、噪声水平降低了30分贝等。这些量化数据可以直观地展示提升策略的具体效果。

（3）顾客满意度评估：根据问卷调查结果，了解顾客对改善后的商业空间环境质量与舒适度的满意度情况。如果满意度明显提高，则说明提升策略得到了顾客的认可。

参考文献

[1] 范蓓 . 环境艺术设计原理 [M]. 武汉：华中科技大学出版社 , 2021.

[2] 赵乃龙，高文华 . 室内设计表达 [M]. 天津：天津人民美术出版社 , 2021.

[3] 王清正，李淼 . 景观设计表达 [M]. 天津：天津人民美术出版社 , 2021.

[4] 陈越华 . 建筑钢笔手绘线稿表现技法 [M]. 武汉：武汉大学出版社 , 2021：7.

[5] 李永慧 . 环境艺术与艺术设计 [M]. 吉林出版集团股份有限公司 , 2021.

[6] 唐正一，涂娟，魏韵佳 . 公共艺术设计基础 [M]. 北京：中国青年出版社 , 2021.

[7] 陆璇 . 高校艺术设计类教学探索与实践研究 以环境设计专业为例 [M]. 北京：中国纺织出版社 , 2021.

[8] 夏青 . 动画与环境艺术设计探究 [M]. 北京：九州出版社 , 2021.

[9] 朱姝婧，肖芳，王力 . 环境艺术设计工程制图与识图 [M]. 沈阳：东北大学出版社 , 2021.

[10] 飞新花 . 环境艺术设计理论与应用研究 [M]. 长春：吉林大学出版社 , 2021.

[11] 刘丰溢 . 生态视角下环境艺术设计的可持续发展研究 [M]. 北京：中国纺织出版社 , 2022.

[12] 程雪松，莫娇，徐苏彬 . 家具设计基础（增补版）[M]. 上海：上海人民美术出版社 , 2022.

[13] 杨学雷 . 环境艺术设计专业基础课程教学方法探讨：以建筑速写为例 [M]. 阳光出版社 , 2022.

[14] 郑媛元 . 环境艺术与生态景观设计研究 [M]. 北京：中国纺织出版社 , 2022.

[15] 向隽惠 . 环境设计基础 [M]. 沈阳：东北大学出版社 , 2022.

[16] 张娜娜, 张一帆 . 环境心理学视域下的现代室内艺术设计 [M]. 南京：江苏凤凰美术出版社 , 2022.

[17] 王鹤 . 公共艺术设计 八种特定环境公共艺术设计 [M]. 武汉：华中科技大学出版社 , 2022.

[18] 苏楠, 蒲春花, 林振国 . 环境艺术设计概论 [M]. 上海：上海交通大学出版社 , 2022.

[19] 王国彬，宋立民，程明 . 虚拟环境艺术设计 [M]. 北京：中国建筑工业出版社 , 2022.

[20] 陈艳云 . 环境艺术设计理论与应用 [M]. 昆明：云南美术出版社 , 2022.

[21] 张葳, 何靖泉 . 环境艺术设计制图与透视 [M]. 北京: 中国轻工业出版社 , 2023.

[22] 黄冬冬, 冉姗 . 园林景观与环境艺术设计 [M]. 哈尔滨：哈尔滨出版社 , 2023.

[23] 孙志远 . 生态理念下环境艺术设计探究 [M]. 昆明：云南美术出版社 , 2023.

[24] 王俊 . 环境艺术设计思维与方法创新研究 [M]. 北京：中国书籍出版社 , 2023.

[25] 李逸斐 . 环境艺术设计方法论 [M]. 南京：江苏凤凰美术出版社 , 2023.

[26] 占剑华 . 环境艺术设计与美学理论研究 [M]. 沈阳: 辽宁科学技术出版社 , 2023.

[27] 刘清丽, 伊丽亚, 杨宇楠 . 环境艺术设计制图与识图 [M]. 哈尔滨工程大学出版社 , 2023.

[28] 左瑞娟, 龚萍, 常新昱 . 展示空间设计 [M]. 武汉: 华中科技大学出版社 , 2023.

[29] 钱明学 . 环境艺术设计识图与制图 第 2 版 [M]. 武汉：华中科技大学出版社 , 2023.